逆向工程与 3D 打印技术

主　编　伍倪燕　杨　越　刘　勇
副主编　郭　晟　代艳霞　郭　容　刘培涛
参　编　朱　利　严才秀　龚利华　宋　宁
　　　　杨　飞　吴福洲　闫庆禹　张小波
主　审　陈　琪　杨世洲

北京理工大学出版社
BEIJING INSTITUTE OF TECHNOLOGY PRESS

内 容 简 介

逆向工程与3D打印技术是现代制造、智能制造的关键。逆向工程是基于已有零件构建CAD模型的技术手段，3D打印技术是基于CAD模型快速制作零件的新型成形方法。逆向工程与3D打印技术已经成为应用型人才必备的技能之一。为了适应现代制造业转型升级，本书是融合1+X"增材制造模型设计职业等级证书"的知识能力要求，引入三维数字化设计竞赛拓展训练而设计的一本机械产品数字化设计教材。

本书涵盖三维扫描、逆向建模、3D打印三大模块；覆盖1+X"增材制造模型设计职业等级证书"的初、中、高3个级别的能力要求。

本书适用对象为高等院校机械设计类专业的学生以及立志从事产品开发设计的社会学习者。本书可以作为数字化产品设计、模具设计、数控技术、编程加工等行业的岗前培训学习教材，还可以作为三维数字化设计类及增材制造类大赛培训教材。

图书在版编目（CIP）数据

逆向工程与3D打印技术／伍倪燕，杨越，刘勇主编
. -- 北京：北京理工大学出版社，2023.12

ISBN 978 - 7 - 5763 - 3354 - 1

Ⅰ . ①逆… Ⅱ . ①伍… ②杨… ③刘… Ⅲ . ①工业产品 – 设计②快速成型技术 Ⅳ . ①TB472②TB4

中国国家版本馆 CIP 数据核字（2024）第 031733 号

责任编辑：钟　博　　　　文案编辑：钟　博
责任校对：刘亚男　　　　责任印制：李志强

出版发行 / 北京理工大学出版社有限责任公司
社　　址 / 北京市丰台区四合庄路6号
邮　　编 / 100070
电　　话 / （010）68914026（教材售后服务热线）
　　　　　　（010）68944437（课件资源服务热线）
网　　址 / http：//www.bitpress.com.cn

版 印 次 / 2023 年 12 月第 1 版第 1 次印刷
印　　刷 / 三河市天利华印刷装订有限公司
开　　本 / 787 mm×1092 mm　1/16
印　　张 / 11.5
字　　数 / 277 千字
定　　价 / 69.90 元

前　言

本书是基于校企合作打造的逆向工程与3D打印技术的实例教材，融合了编者多年的逆向工程设计的实践、培训和大赛经验，其特色如下。

（1）以真实逆向工程项目和工作过程为载体，重点强调逆向设计技术、技能的培养。

（2）以工作过程为导向创设工作任务，以不同结构的零部件为载体，由简单到复杂、由单一到综合地进行讲解，符合教学规律和学生的认知规律。

（3）操作步骤明晰，通过10个学习情境实现了"零起点开始，高技术实现"的效果。

（4）引进现场经验，及时总结逆向工程及3D打印技术的现场工作经验，使学习过程更加接近工作过程，提高实际操作效率。

（5）学习过程具有工作过程的整体性，学生在综合活动中思考和学习，完成从明确任务、制定计划、实施检查到评价反馈的完整学习过程。

（6）与相邻课程（数字化建模、正向建模）相结合，构成完整的机械产品数字化设计课程体系，可用作学生参加数字化设计类比赛的指导教材。

（7）内容对接"1＋X"增材制造模型设计职业技能等级证书标准、机械产品三维模型设计职业技能等级标准，落实立德树人的根本任务，对接制造类岗位要求，解构岗位对专业知识、技术技能和职业素养的需求，确立教材核心内容。

二十大报告明确指出，深化教育领域综合改革，加强教材建设和管理，推进教育数字化，建设全民终身学习的学习型社会。因此，应提高职业教育质量，为每个人的成长成才创造条件。本书旨在提升师生的数字化素养，实施线上、线下混合教学，可作为高等职业院校装备制造专业核心课程的配套融媒体资源。

本书由宜宾职业技术学院伍倪燕、杨越、刘勇担任主编，宜宾职业技术学院郭晟、代艳霞、郭容、刘培涛担任副主编，宜宾职业技术学院朱利、严才秀、龚利华、宋宁、杨飞、吴福洲，四川省宜宾普什集团有限公司闫庆禹，长宁县职业技术学校张小波参编，宜宾职业技术学院陈琪、杨世洲主审。

本书适合中等职业学校、高等职业院校、应用型本科院校机电类专业学生以及立志从事产品开发设计的社会学习者阅读。本书可以作为数字化产品设计、模具设计、数控技术、编程加工等的岗前培训学习教材，本书适应岗位领域包括3D打印机设备和特种生产设备操作技术员、装调技术员、维护维修技术员、产品培训师、3D建模技术员、3D打印产品售前/售后服务技术员、生产管理员、计算机辅助绘图员、3D产品绘图员、平面设计员、3D打印工程师、逆向模型师、装配工程师、模型修复师等。

由于编者水平有限，书中难免有疏漏与不妥之处，恳请广大读者批评指正。

编　者

目　　录

模块一　三维扫描

模块二　模型数据处理

模块三　3D 打印技术

模块四　综合应用实例

模块一

三维扫描

扫描仪硬件和软件系统认知

 学习情境描述

【教学情景描述】逆向工程是近年来发展起来的消化、吸收和提高先进技术的一系列分析方法及应用技术的组合，其主要目的是改善技术水平，提高生产率，增强经济竞争力。世界各国在经济技术发展中，应用逆向工程消化、吸收先进技术经验，给人们有益的启示。要获得现有模型数据，第一步是扫描，故应了解如何选择扫描方式以及初次使用三维扫描仪时需要做哪些准备工作。

【关键知识点】逆向工程的概念，逆向工程的工艺路线，逆向工程的工作流程，数据采集方法的分类，各种数据采集方法的比较，三维天下扫描仪（图1-1）软件、硬件的认知。

图1-1　Win3DD 单目三维扫描仪（1）

学习目标

【能力目标】

了解逆向工程技术基本概念，掌握三维扫描仪软件、硬件系统组成。

【知识目标】

了解逆向工程技术概况，能正确安装三维扫描仪硬件与软件。

【素质目标】

通过引进逆向工程技术，激发学生不甘落后、急起直追的责任感和使命感；通过介绍当前逆向设计技术现状，激发学生的爱国热情并使学生树立为祖国富强而努力的目标。

 **任务书**

三维扫描仪按所用视觉传感器数量可以分为单目视觉测量、双目视觉（立体视觉）测量和三（多）目视觉测量等。

单目视觉测量是指仅利用一台数码相机或摄像机拍摄图像来进行测量工作。由于仅需要一台视觉传感器，所以相关设备结构简单，同时避免了立体视觉中的视场小、立体匹配难的不足，在低端三维扫描仪中应用较多。

本学习情境要求同学们对 Win3DD 单目三维扫描仪硬件系统和软件系统进行认知学习。

【应用场景】初次使用三维扫描仪（图 1 – 2）时，应熟悉三维扫描仪的安装使用流程；熟悉三维扫描仪各部分的主要作用。

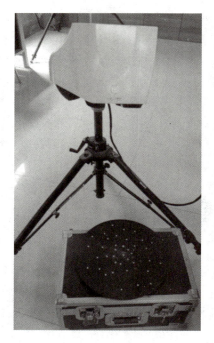

图 1 – 2　Win3DD 单目三维扫描仪（2）

【任务内容与步骤】

（1）说明三维扫描技术的功能特点与应用。

（2）说明对三维扫描设备的基本认知。

【任务验收】

（1）任务完成情况按考核评价表进行评定。

（2）分组别协作完成工作项目任务。

（3）填写学生自评表、组内评价表、组间互评表、教师评价表。

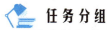 **任务分组**

学生任务分配见表 1 – 1。

表 1 – 1　学生任务分配

班级		组号		指导老师	
组长		学号			
组员	班级	姓名		学号	电话
任务分工					

工作准备

（1）阅读工作任务书，完成分组和组员间分工。
（2）收集逆向工程相关知识。
（3）学习三维扫描仪硬件安装步骤。
（4）完成三维扫描仪软件安装。
（5）进行后处理，展示作品，分组评分。

获取资讯

» 引导问题 1：什么是逆向工程？

_____

_____

_____

_____

_____

» 引导问题 2：绘制逆向工程技术流程图。

◈ 引导问题3：写出你所知道的逆向工程的应用领域。

_____

_____

_____

_____

✓ **小 资 料**

逆向工程技术在国内最初的发展几乎完全来自制造业对产品仿制的强烈要求，然而，逆向工程并非制造业的"专利"，其应用领域非常广泛。

（1）制造业：逆向工程技术在制造业不仅用于仿真，也同样广泛地应用于原创产品开发。

（2）软件业：比如在解析软件时，通过逆向工程技术使系统能与之兼容。

（3）仪器仪表：印制电路板有时需要使用逆向工程技术破解，原因可能是原设计文档丢失或人员离职。

（4）工艺美术：逆向工程技术使工艺美术大师们的作品（浮雕、雕塑）得以大量复制。

（5）文物保护：通过逆向工程技术可以为文物古迹提取数字化模型。

（6）医疗：利用逆向工程技术可以制造人造器官、义齿（假牙）、义肢等。

◈ 引导问题4：填表1-2回答逆向工程的系统组成是什么。

表1-2 逆向工程的系统组成

系统	硬件	软件
测量系统		
设计系统		

◎ **工作实施**

了解 Win3DD 单目三维扫描仪的基本参数，填写表1-3。

表1-3 Win3DD 单目三维扫描仪硬件各项参数

产品型号	WinDD-L	WinDD-M	WinDD-S
单幅扫描范围			
扫描距离			
扫描点距			

续表

产品型号	WinDD – L	WinDD – M	WinDD – S
单幅扫描时间			
相机分辨率			
扫描精度			
球空间误差			
球面度误差			
平面度误差			
扫描方式			
拼接方式			
输出文件格式			
外形尺寸			
设备质量			
接口			
电源			
扫描物体尺寸			

>> 引导问题 5：填写表 1－4 回答 Win3DD 单目三维扫描仪（图 1－3）硬件系统的作用是什么。

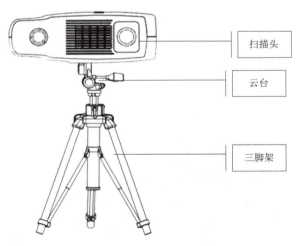

扫描头

云台

三脚架

图 1－3　Win3DD 单目三维扫描仪（3）

表 1－4　Win3DD 单目三维扫描仪硬件系统的作用

部件	作用
扫描头	
云台	
三脚架	

引导问题6：填写扫描头各部分名称（图1-4），理解其作用及使用注意事项。

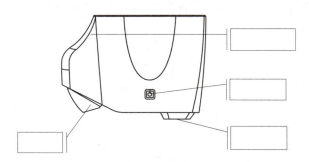

图1-4　Win3DD单目三维扫描仪扫描头

小资料

1. 扫描头安装注意事项

（1）避免扫描系统发生碰撞，造成不必要的硬件系统损坏或影响扫描数据质量。

（2）禁止碰触相机镜头和光栅投射器镜头。

（3）扫描头扶手仅在用于云台对扫描头做上下、水平、左右调整时使用。

（4）严禁在搬运扫描头时使用其扶手。

2. 软件安装建议配置

（1）处理器：Intel Core i3 3220（3.3 GHz/L3 3M）。

（2）内存：4 GB以上。

（3）显卡：显存2 GB以上。

（4）显示器：支持双显示器输出。

扫描软件界面如图1-5所示。

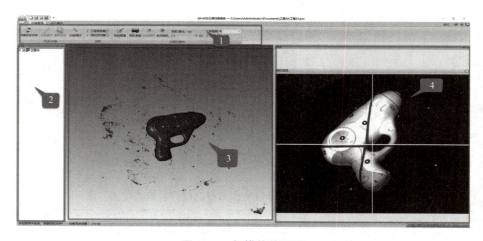

图1-5　扫描软件界面

引导问题7：填写表1-5回答扫描软件界面各部分的作用是什么。

表1-5　扫描软件界面认知

序号	名称	作用
1		
2		
3		
4		

评价反馈

各组代表展示作品，介绍任务完成过程。展示作品前应准备阐述材料，并完成表1-6～表1-9。

表1-6　学生自评表

班级		组名		日期	年 月 日
评价指标	评价内容			分数	分数评定
信息检索	能够有效地利用网络、图书资源查找有用的相关信息等；能够将查到的信息有效地传递到学习中			10	
感知课堂生活	能够熟悉逆向工程岗位，认同工作价值；在学习中能够获得满足感			10	
参与态度	积极主动地与教师、同学交流，相互尊重、理解、平等；与教师、同学能够保持多向、丰富、适宜的信息交流			10	
	能够处理好合作学习和独立思考的关系，做到有效学习；能够提出有意义的问题或发表个人见解			10	
知识获得	1. 能正确安装扫描仪硬件系统			20	
	2. 能正确安装扫描仪软件系统			20	
思维态度	能够发现问题、提出问题、分析问题、解决问题、创新问题			10	
自评反馈	按时按质完成工作任务；较好地掌握知识点；具有较强的信息分析能力和理解能力；具有较为全面严谨的思维能力并能够将所学知识条理清晰地表达成文			10	
自评分数					
有益的经验和做法					
总结反馈建议					

表1-7　组内评价表

班级		组名		日期	年 月 日
评价指标	评价内容			分数	分数评定
信息检索	能够有效地利用网络、图书资源、工作手册查找有用的相关信息等；能够用自己的语言有条理地解释、表述所学知识；能够将查到的信息有效地传递到工作中			10	
感知工作	能够熟悉工作岗位，认同工作价值；在工作中能够获得满足感			10	
参与态度	积极主动地参与工作，吃苦耐劳，崇尚劳动光荣、技能宝贵；与教师、同学相互尊重、理解、平等；与教师、同学能够保持多向、丰富、适宜的信息交流			10	
	探究式学习、自主学习不流于形式，能够处理好合作学习和独立思考的关系，做到有效学习；能够提出有意义的问题或发表个人见解；能够按要求正确操作；能够倾听他人的意见，与他人协作共享			10	
学习方法	学习方法得体，有工作计划；操作符合规范要求；能够获得进一步学习的能力			10	
工作过程	遵守管理规程，操作过程符合现场管理要求；平时上课的出勤情况和每天完成工作任务情况良好；善于多角度分析问题，能够主动发现、提出有价值的问题			15	
思维态度	能够发现问题、提出问题、分析问题、解决问题、创新问题			10	
自评反馈	按时按质完成工作任务；较好地掌握专业知识点；具有较强的信息分析能力和理解能力；具有较为全面严谨的思维能力并能够将所学知识条理清晰地表达成文			25	
小组自评分数					
有益的经验和做法					
总结反馈建议					

表 1-8　组间互评表

班级		被评组名		日期	年 月 日
评价指标	评价内容			分数	分数评定
信息检索	该组能够有效地利用网络、图书资源、工作手册查找有用的相关信息等			5	
	该组能够用自己的语言有条理地解释、表述所学知识			5	
	该组能够将查到的信息有效地传递到工作中			5	
感知工作	该组能够熟悉工作岗位，认同工作价值			5	
	该组成员在工作中能够获得满足感			5	
参与态度	该组与教师、同学相互尊重、理解、平等			5	
	该组与教师、同学能够保持多向、丰富、适宜的信息交流			5	
	该组能够处理好合作学习和独立思考的关系，做到有效学习			5	
	该组能够提出有意义的问题或发表个人见解；能够按要求正确操作；能够倾听他人的意见，与他人协作共享			5	
	该组能够积极参与，在产品加工过程中不断学习，综合运用信息技术的能力得到提高			5	
学习方法	该组的工作计划、操作过程符合现场管理要求			5	
	该组获得了进一步发展的能力			5	
工作过程	该组遵守管理规程，操作过程符合现场管理要求			5	
	该组成员平时上课的出勤情况和每天完成工作任务情况良好			5	
	该组成员能够加工出合格工件，并善于多角度分析问题，能够主动发现、提出有价值的问题			15	
思维态度	该组能够发现问题、提出问题、分析问题、解决问题、创新问题			5	
自评反馈	该组能够严肃认真地对待自评，并能够独立完成自测试题			10	
互评分数					
简要评述					

表1－9　教师评价表

班级			组名		姓名	
出勤情况						
序号	评价内容	评价要点	考察要点	分数	分数评定标准	得分
1	任务描述、接受任务	口诉任务内容细节	1. 表达自然、吐字清晰	2	表达不自然或吐字不清晰扣1分	
			2. 表达思路清晰、准确		表达思路不清晰、不准确扣1分	
2	任务分析、分组情况	依据任务内容分组分工	1. 分析安装步骤关键点准确	3	分析安装步骤关键点不准确扣1分	
			2. 理论知识回顾完整、分组分工明确		理论知识回顾不完整扣1分，分组分工不明确扣1分	
		制定安装工艺计划	安装工艺计划完整	20	安装工艺计划不完整，错一步扣2分	
3	计划实施	安装前准备	工具准备就绪	15	每漏一项扣1分	
		安装过程	1. 正确安装扫描仪硬件系统	30	不能正常使用硬件扫描扣5分	
			2. 正确安装扫描仪软件系统		不能正常使用软件扫描扣5分	
		现场恢复	在加工过程中遵循"6S""三不落地"原则	15	每漏一项扣1分，扣完为止	
4	总结	任务总结	1. 依据自评分数	2	—	
			2. 依据互评分数	3	—	
			3. 依据个人总结评价报告	10	依据总结内容是否到位给分	
合计				100		

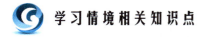

 学习情境相关知识点

1.1 逆向工程的概念

逆向工程（Reverse Engineering，RE）是根据已有的产品，通过分析推导出具体的实现方法。对现有的模型或样品，利用三维数字化测量仪器，准确、快速地测得其轮廓坐标，并进行三维 CAD 曲面重构，在此基础上进行再设计，实现产品"创新"；通过传统加工或者快速成形机制制作样品。

新产品开发主要有两种模式：一种是从市场需求出发，通过概念设计、结构设计、模具设计、制造、装配、检验等过程完成新产品开发，称为正向工程（Forward Engineering，FE）；另一种就是逆向工程。

正向设计是基于功能和用途，从概念出发绘制产品的二维图样，而后制作三维集合模型，经检查满意后制造出产品，其采用的是从抽象到具体的思维方法，如图 1-6 所示。

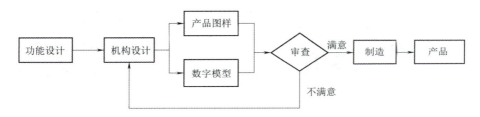

图 1-6 正向设计过程

逆向设计是对已有实物模型进行测量，并根据测得的数据重构数字模型，进而进行分析、修改、检验，输出图样，然后制造产品，如图 1-7 所示。

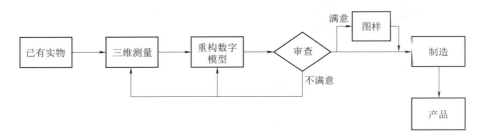

图 1-7 逆向设计过程

在产品开发过程中，产品往往有许多自由曲面，很难直接用计算机建立数字模型，常常需要以实物（样件）为依据或参考原型进行仿型、改型或工业造型设计。如汽车车身的设计和覆盖件的制造，通常先由设计师制作出油泥或树脂模型，形成样车设计原型，再用三维测量的方法获得样车的数字模型，然后进行零件设计、有限元分析、模型修改、误差分析和数控加工指令生成等，也可进行快速原型制造（3D 打印出产品模型），并进行反复优化评估，直到得到满意的设计结果，如图 1-8 所示。因此，可以说逆向工程就是对模型进行仿型测量、CAD 模型重构、模型加工并进行优化评估的方法。

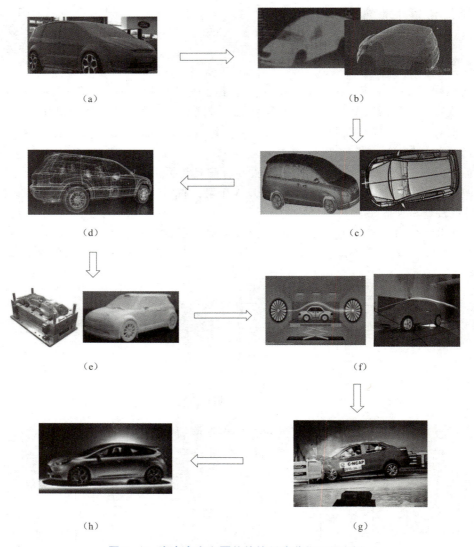

图1-8 汽车车身和覆盖件的制造逆向工程实例

（a）油泥汽车参照模型；（b）点云数据；（c）构建曲面；（d）创新设计；
（e）制作样车；（f）风洞试验；（g）碰撞试验；（h）新产品

1.2 逆向工程的工艺路线

应用逆向工程技术开发产品一般采用以下工艺路线。

（1）用三维数字化测量仪器准确、快速地测量出轮廓坐标值并建构曲面，经编辑、修改后将图档转至一般的 CAD/CAM 系统。

（2）将 CAM 系统所产生的刀具 NC（数字控制）加工路径送至 CNC（计算机数字控制机床）生产所需模型，或者采用 3D 打印技术将样品模型制作出来。

逆向工程的工艺路线如图1-9所示。

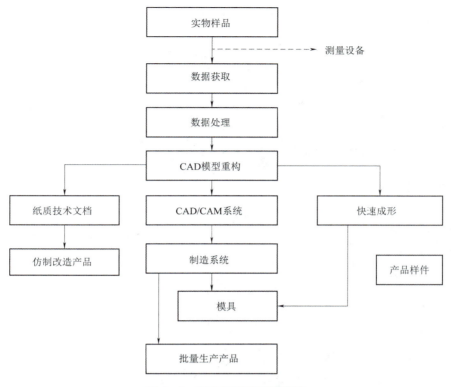

图 1 – 9　逆向工程的工艺路线

1.3　逆向工程的工作流程

逆向工程的一般工作流程包括数据扫描、数据处理、三维模型重构、模型制造 4 个阶段。图 1 – 10 所示为逆向工程的工作流程。

1. 数据扫描

数据扫描是指通过特定的测量方法和设备，将物体表面形状转化成几何空间坐标点，从而得到逆向建模以及尺寸评价所需数据的过程，这是逆向工程的第一步，是非常重要的阶段，也是后续工作的基础。数据扫描设备的方便性、快捷性，操作的建议程度，数据的准确性、完整性是评价测量设备的重要指标，也是保证后续工作高质量完成的重要前提。

2. 数据处理

数据处理的关键技术包括杂点的删除、多视角数据拼合、数据简化、数据填充和数据平滑，可为曲面重构提供有用的三角面片模型或者特征点、线、面。

3. 三维模型重构

三维模型重构是在获取处理好的测量数据后，根据实物样件的特征重构出三维模型的过程。三维模型重构是后续处理的关键步骤，设计人员不仅需要熟练掌握软件，还要熟悉逆向造型的方法和步骤，而且要洞悉原设计人员的设计思路，然后结合实际情况进行创造。

4. 模型制造

模型制造采用 3D 打印技术、数控加工技术、模具制造技术等。其中，3D 打印技术也称为快速成形技术、增材制造技术等，它是制造技术的一次飞跃，从成形原理上提出了一个全新的思维模式。

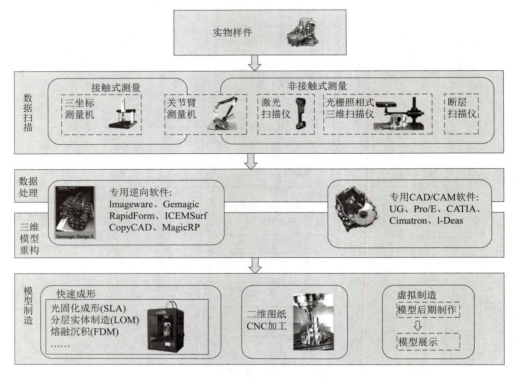

图1-10 逆向工程的工作流程

1.4 逆向工程的应用

作为一种产品设计方法和理念，逆向工程技术便于继承和吸收先进产品所蕴含的知识，能够显著地缩短产品开发周期，在复杂产品外形的建模和新产品开发中有着不可替代的重要作用。充分利用逆向工程技术，并将它和其他先进设计与制造技术结合，能够提高产品设计水平和效率，加快产品创新步伐。

1. 新产品开发

随着逆向工程技术的不断发展，逆向工程技术已经被广泛应用于汽车、摩托车、飞机、家用电器等产品的改型与创新设计。面向创新设计的逆向工程是一个"实物原型—还原实物—新产品"的过程，也是一种综合运用多种先进技术，以实现创新、提高产品设计品质的新的设计方法。鼠标基于油泥模型的逆向设计如图1-11所示。

2. 产品的仿制与改型设计

在只有实物而缺乏相关技术资料的情况下，利用逆向工程技术进行数据测量和数据处理，重建与实物相符的CAD模型，在此基础上进行后续工作，如模型修改、零件设计、有限元分析、误差分析、数控加工指令生产等，最终实现产品的仿制和改进。基于逆向设计的汽车风阻改良如图1-12所示。

（a）　　　　　　　　　　　　　　　　　（b）

图 1–11　鼠标基于油泥模型的逆向设计
（a）鼠标油泥模型；（b）鼠标实物

图 1–12　基于逆向设计的汽车风阻改良

3. 快速模具制造

逆向工程技术在快速模具制造中的应用主要体现在三个方面：一是以样本模具为对象，对已符合要求的模型进行测量，重建其 CAD 模型，并在此基础上生成模具加工程序；二是以实物零件为对象，首先将实物数据转化为 CAD 模型，再在此基础上进行模具设计；三是建立在制造过程中变更过的模具设计模型，如破损模具的制程控制与快速修复。

4. 产品的数字化监测

这是逆向工程技术比较有发展潜力的应用方向。对加工后的零部件进行扫描测量，获得产品实物的数字化模型，并将该模型与原始设计的几何模型在计算机上进行数据比较，可以有效地检测出制造误差，提高检测精度。

5. 服装、头盔等的定制化设计

根据个人形体的差异，采用先进的扫描设备和曲面重构软件，快速建立人体的数字化模型，从而设计制作出头盔、鞋、服装等的定制化产品，使人们在互联网上就能定制自己所需的产品。尤其在航空航天领域，宇航员的服装制作要求非常高，需要根据不同的形体定制，如图 1–13 所示。

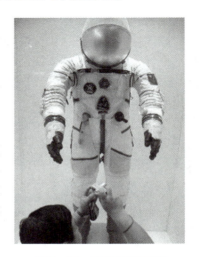

图 1–13　宇航员的服装

6. 艺术品、文物的复制与博物馆藏品、古建筑的数字化

应用逆向工程技术，可以对艺术品、文物等进行复制，也可以将文物、古建筑数字化，生成数字模型库，这样不但可降低文物保护的成本，还可以复制和修复文物，实现保护与开发并举，如图1-14所示。

图1-14 文物复制和修复

1.5 逆向工程的前景

逆向工程作为一种非常高效的产品设计思路和方法，可以迅速、精确、方便地获得实物的三维数据及模型，为产品提供先进的开发、设计及制造技术支撑。它改变了传统产品设计开发模式，大大缩短了产品开发周期，提高了产品研发的成功率。目前，逆向工程在各个领域发挥着重要作用，比如汽车外观设计、医学上的人工器官等。逆向工程的主要应用还是集中在模具领域，它大大促进了我国制造业的发展。吃透别人的技术仅是第一步，在此基础上结合国情进行再创造，生产具有自主权和竞争力的新产品，才是逆向工程的意义和目的。

1.6 逆向工程的硬件平台

逆向工程应用的硬件平台主要分为数据采集设备和加工制造设备。数据采集设备可实现产品实物样件原始数据的采集，又称为数字化设备。根据工作原理的不同，数据采集设备可分为破坏性测量设备、机械接触式测量设备、非接触式测量设备等。破坏性测量设备如断层扫描仪等，采用逐层铣削样件实物，逐层扫描断面的方法，获取不同位置截面的零件内外轮廓数据，组合获得零件的三维数据。由于对零件有破坏性，破坏性测量设备应用较少，主要应用于内部结构复杂的零件测量。机械接触式测量设备主要有三坐标测量机、关节臂测量机等。非接触式测量设备采用激光、数字成像、声学等技术实现实物样件数据的采集。非接触式测量设备有激光跟踪仪、激光扫描仪等。加工制造设备主要是3D打印机等快速成形设备。

1. 三坐标测量机

三坐标测量机（Coordinate Measuring Machine，CMM）是基于坐标测量的通用化数字测量设备。三坐标测量机一般由以下几个部分组成：主机机械系统（X、Y、Z三轴或其他）、测头系统、电气控制硬件系统、数据处理软件系统（测量软件）。使用三坐标测量机进行测量时，首先将被测几何元素的测量转化为被测几何元素上点集坐标位置的测量，在测得这些

点的坐标位置后，再根据这些点的空间坐标值，经过数学运算求出其尺寸和形位误差。

三坐标测量机按技术水平可分为数字显示及打印型、带有计算机进行数据处理型、计算机数字控制型；按测量范围可分为小型坐标测量机、中型坐标测量机、大型坐标测量机；按精度可分为精密型、中低精度型；按结构形式可分为移动桥式、固定桥式（图 1 – 15）、龙门式、悬臂式、立柱式等。

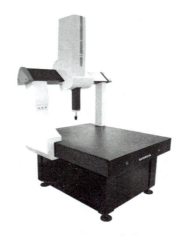

图 1 – 15　固定桥式三坐标测量机

三坐标测量机是测量和获得尺寸数据的最有效的方法之一，广泛应用于机械、汽车、航空、军工等行业的中小型配件模具中的箱体、机架、齿轮、凸轮、蜗轮、蜗杆、叶片、曲线、曲面等的测量，还可用于电子、五金、塑胶等行业中工件的尺寸、形状和形位公差的精密检测，从而完成零件检测、外形测量等任务。

2. 关节臂测量机

关节臂测量机（图 1 – 16）仿照人体关节结构，由几根固定长度的臂通过绕相互垂直轴线转动的关节（分别称为肩、肘和腕关节）互相连接，在最后的转轴上装有探测系统的坐标测量装置。关节臂测量机转轴上的探测系统有触发式测头和激光扫描测头两种，可以实现不适合接触测量的实物样件数据的采集。关节臂的工作原理是以角度基准取代长度基准，设备在空间中旋转时，设备同时从多个角度编码器获取角度数据，而设备臂长为一定值，根据三角函数换算出测头当前的位置，转化为 X、Y、Z 坐标值的形式。

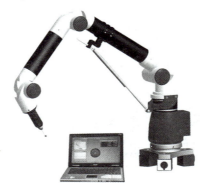

图 1 – 16　关节臂测量机

3. 激光扫描仪

激光扫描仪（图1-17）是指借助激光扫描技术测量工件尺寸及形状的一种仪器。激光扫描仪的基本结构包括激光光源及扫描器、受光感测器、控制单元等部分。激光光源为密闭式，不易受环境的影响，且容易形成光束，目前常采用低功率的可见光激光，如氦氖激光、半导体激光等。扫描器为旋转多面棱体或双面镜，当光束射入扫描器后，即快速转动使激光反射成一束扫描光束。受光感测器是获取被测表面形状的传感部件，如线阵CCD传感器，安装在一个由计算机控制，能在 Z 方向随动的伺服机构上。伺服控制系统将根据 CCD 传感器的信号输出控制伺服机构带动测头做 Z 方向随动，以确保测头与被测曲面在 Z 方向始终保持恒定的距离。对被测曲面进行扫描时，测头的扫描轨迹即被测曲面的形状。激光扫描仪具有高灵敏度、高几何精度、低噪声、低功耗等优点，适用于高精密非接触测量。影响激光扫描仪测量精度的因素很多，总体上分硬件和软件两个重要方面。硬件方面的因素主要有机械运动发展平台、CCD 相机、激光器等；软件方面的因素主要有物像对应关系标定、激光扫描线中心提取、被测物面表面特征、光学成像参数、光平面位置等。

图 1-17　激光扫描仪

1.7　各种数据采集方法的性能比较

实物样件表面的数据采集，是逆向工程实现的基础。从国内、外的研究来看，研制高精度、多功能和快速的测量系统是目前数据扫描的研究重点。从应用情况来看，光学测量设备在精度与测量速度方面越来越有优势，使光学测量得到更为广泛的应用。

各种数据采集方法的性能比较见表1-10。

表 1-10　各种数据采集方法的性能比较

数据采集方法	测量精度	测量速度	测量成本	有无材料限制	有无形状限制
三坐标法	0.6~30 μm	慢	高	有	有
激光三角法	±5 μm	一般	较高	无	有
结构光学法	±（1~3）μm	快	一般	无	有

续表

数据采集方法	测量精度	测量速度	测量成本	有无材料限制	有无形状限制
工业 CT 断层扫描法	1 mm	较慢	高	无	无
超声波扫描法	1 mm	较慢	较低	无	无
层去扫描法	25 μm	较慢	较低	无	无

从表 1 – 10 可以看出，各种数据采集方法都有一定的局限性。对于逆向工程而言，数据采集方法应满足以下要求。

（1）测量精度应满足实际需要。

（2）测量速度快，尽量减少测量在整个逆向工程过程中所占用的时间。

（3）数据扫描要完整，以减小数模重构时数据缺失带来的误差。

（4）数据扫描过程尽量不破坏原型。

（5）尽量降低数据扫描成本。

模型数据扫描

学习情境描述

点云数据（point cloud data）是指在一个三维坐标系统中的一组向量的集合。采用电外差光栅相移测量技术，首先将光栅条纹投射到被扫描工件表面，光栅条纹的幅度和相位被调制。被调制后的条纹经 Win3DD 三维扫描系统相机采集到计算机，后采用独特的解调方法将携带工件深度信息的相位解调出来，得到工件的三维信息（图 2-1）。

图 2-1　点云数据采集

学习目标

【能力目标】
能正确进行扫描标定；掌握模型数据采样的方法。

【知识目标】
了解三维扫描的基本方法与操作流程。

【素质目标】
培养学生的标准化作业理念与职业素质；通过指导学生获取适用性较好的初始数据文件，培养学生仔细认真、一丝不苟的工匠精神。

 **任务书**

　　利用 Win3DD 三维扫描仪完成体温枪（图 2 – 2）三维数据扫描，为体温枪的模型重构提供较好的数据。

　　【应用场景】获取目标的点云数据，可以用于三维建模、场景重建、机器人导航、虚拟现实和增强现实等应用。

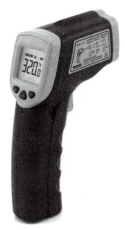

图 2 – 2　体温枪

 任务分组

　　学生任务分配见表 2 – 1。

表 2 – 1　学生任务分配

班级		组号		指导老师	
组长		学号			
组员	班级	姓名		学号	电话
任务分工					

工作准备

　　（1）阅读工作任务书，完成分组和组员间分工。

　　（2）收集三维扫描仪相关知识。

　　（3）学习三维扫描仪硬件标定步骤。

　　（4）完成点云数据采集。

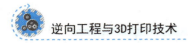
（5）进行后处理，展示作品，分组评分。

获取资讯

》 引导问题1：数据采集方法（图2-3）有哪些？什么是接触式数据采集？什么是非接触式数据采集？

_____

_____

_____

_____

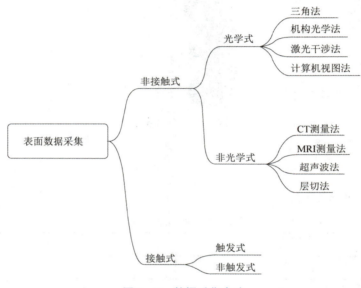

图2-3 数据采集方法

小 资 料

》 引导问题2：图2-4所示是什么测量仪？它的应用范围是什么？

_____

_____

_____

_____

_____

_____

图 2 − 4　测量仪

>> 引导问题 3：拍照式激光扫描仪的工作原理是什么？

_____

_____

_____

_____

_____

✓ 小 资 料

　　拍照式激光扫描仪采用的是白光光栅扫描技术。其由于扫描原理与照相机拍照原理类似而得名，其结合光技术、相位测量技术和计算机视觉技术，首先将白光投射到被测物体上，其次使用两个有夹角的摄像头对物体进行同步取像，然后对所取图像进行解码、相位操作等计算，最终对物体各像素点的三维坐标进行计算。

　　拍照式激光扫描仪的扫描范围：单面可扫描 400 mm × 300 mm 面积，测量景深一般为 300 ~ 500 mm。其优点为：扫描范围大，速度快，精细度高，扫描的点云杂点少，系统内置标志点自动拼接并自动删除重复数据，操作简单，价格较低。

>> 引导问题 4：使用 Win3DD 三维扫描仪进行扫描操作时的环境要求是什么？

_____

_____

_____

_____

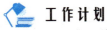

工作计划

按照收集的资讯和决策过程，根据 Win3DD 三维扫描仪的安装方法、扫描步骤、注意事项，完成表 2-2、表 2-3。

表 2-2　模型三维扫描点云数据获取工作方案

步骤	工作内容	负责人
1		
2		
3		
4		
5		

表 2-3　工具、耗材和器材清单

序号	名称	型号与规格	单位	数量	备注
1					
2					
3					
4					
5					

进行决策

检查影响三维扫描精度的环境因素，并确定三维扫描的工作流程及详细步骤。

_____

_____

_____

_____

_____

工作实施

» 引导问题 5：三维扫描仪硬件标定的目的是什么？扫描前进行硬件标定的必要性是什么么？标定板（图 2-5）、搭块（图 2-6）的使用方法是什么？

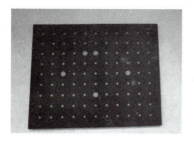

图 2-5　标定板

图 2-6　搭块

_____

_____

_____

_____

» 引导问题 6：扫描模式分为拼合扫描、非拼合扫描、框架点扫描，解释其各自含义。本任务采用那种扫描方式？

_____

_____

_____

_____

_____

» 引导问题 7：如何贴标志点？判断图 2-7、图 2-8 所示标志点贴法是否正确。

图 2-7　标志点贴法（一）

图 2-8　标志点贴法（二）

_____

_____

_____

_____

》 引导问题8：在什么情况下需要喷显像剂（图2-9）？如何喷显像剂？

_____

_____

_____

_____

_____

图2-9　显像剂

》 引导问题9：根据扫描所得结果，小组讨论、分析点云数据是否合格，产生不合格数据的原因及预防措施，完成表2-4。

表2-4　不合格数据分析

不合格扫描数据类型	产生原因	预防措施

评价反馈

各组代表展示作品，介绍任务完成过程。展示作品前应准备阐述材料，并完成表2-5～表2-8。

表 2－5　学生自评表

班级		组名		日期	年 月 日
评价指标	评价内容			分数	分数评定
信息检索	能够有效地利用网络、图书资源查找有用的相关信息等；能够将查到的信息有效地传递到学习中			10	
感知课堂生活	能够熟悉逆向工程岗位，认同工作价值；在学习中能够获得满足感			10	
参与态度	积极主动地与教师、同学交流，相互尊重、理解、平等；与教师、同学能够保持多向、丰富、适宜的信息交流			10	
	能够处理好合作学习和独立思考的关系，做到有效学习；能够提出有意义的问题或发表个人见解			10	
知识获得	1. 能够正确进行标定			20	
	2. 能够正确采集数据			20	
思维态度	能够发现问题、提出问题、分析问题、解决问题、创新问题			10	
自评反馈	按时按质完成工作任务；较好地掌握知识点；具有较强的信息分析能力和理解能力；具有较为全面严谨的思维能力并能够将所学知识条理清晰地表达成文			10	
自评分数					
有益的经验和做法					
总结反馈建议					

表 2－6　组内评价表

班级		组名		日期	年 月 日
评价指标	评价内容			分数	分数评定
信息检索	能够有效地利用网络、图书资源、工作手册查找有用的相关信息等；能够用自己的语言有条理地解释、表述所学知识；能够将查到的信息有效地传递到工作中			10	
感知工作	能够熟悉工作岗位，认同工作价值；在工作中能够获得满足感			10	
参与态度	积极主动地参与工作，吃苦耐劳，崇尚劳动光荣、技能宝贵；与教师、同学相互尊重、理解、平等；与教师、同学能够保持多向、丰富、适宜的信息交流			10	
	探究式学习、自主学习不流于形式，能够处理好合作学习和独立思考的关系，做到有效学习；能够提出有意义的问题或发表个人见解；能够按要求正确操作；能够倾听他人的意见，与他人协作共享			10	

续表

评价指标	评价内容	分数	分数评定
学习方法	学习方法得体，有工作计划；操作符合规范要求；能够获得进一步学习的能力	10	
工作过程	遵守管理规程，操作过程符合现场管理要求；平时上课的出勤情况和每天完成工作任务情况良好；善于多角度分析问题，能够主动发现、提出有价值的问题	15	
思维态度	能够发现问题、提出问题、分析问题、解决问题、创新问题	10	
自评反馈	按时按质完成工作任务；较好地掌握专业知识点；具有较强的信息分析能力和理解能力；具有较为全面严谨的思维能力并能够将所学知识条理清晰地表达成文	25	
小组自评分数			
有益的经验和做法			
总结反馈建议			

表 2－7　组间互评表

班级		组名		日期	年 月 日
评价指标	评价内容			分数	分数评定
信息检索	该组能够有效地利用网络、图书资源、工作手册查找有用的相关信息等			5	
	该组能够用自己的语言有条理地解释、表述所学知识			5	
	该组能够将查到的信息有效地传递到工作中			5	
感知工作	该组能够熟悉工作岗位，认同工作价值			5	
	该组成员在工作中能够获得满足感			5	
参与态度	该组与教师、同学相互尊重、理解、平等			5	
	该组与教师、同学能够保持多向、丰富、适宜的信息交流			5	
	该组能够处理好合作学习和独立思考的关系，做到有效学习			5	
	该组能够提出有意义的问题或发表个人见解；能够按要求正确操作；能够倾听他人的意见，与他人协作共享			5	
	该组能够积极参与，在产品加工过程中不断学习，综合运用信息技术的能力得到提高			5	

续表

评价指标	评价内容	分数	分数评定
学习方法	该组的工作计划、操作过程符合现场管理要求	5	
	该组获得了进一步发展的能力	5	
工作过程	该组遵守管理规程，操作过程符合现场管理要求	5	
	该组成员平时上课的出勤情况和每天完成工作任务情况良好	5	
	该组成员能够加工出合格工件，并善于多角度分析问题，能够主动发现、提出有价值的问题	15	
思维态度	该组能够发现问题、提出问题、分析问题、解决问题、创新问题	5	
自评反馈	该组能够严肃认真地对待自评，并能够独立完成自测试题	10	
互评分数			
简要评述			

表 2-8 教师评价表

班级		组名		姓名	
出勤情况					
序号	评价内容	评价要点	考察要点	分数	分数评定标准	得分
---	---	---	---	---	---	---
1	任务描述、接受任务	口诉任务内容细节	1. 表达自然、吐字清晰	2	表达不自然或吐字不清晰扣1分	
			2. 表达思路清晰、准确		表达思路不清晰、不准确扣1分	
2	任务分析、分组情况	依据任务内容分组分工	1. 分析扫描步骤关键点准确	3	分析扫描步骤关键点不准确扣1分	
			2. 理论知识回顾完整、分组分工明确		理论知识回顾不完整扣1分，分组分工不明确扣1分	
		制定扫描计划	制定扫描工艺计划	20	扫描工艺计划不完整，错一步扣2分	

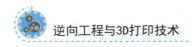
续表

序号	评价内容	评价要点	考察要点	分数	分数评定标准	得分
3	计划实施	安装前准备	工具准备就绪	15	每漏一项扣1分	
		扫描过程	1. 正确标定扫描系统	30	不能正确标定扫描系统扣5分	
			2. 正确完成模型数据扫描		扫描步骤有误扣5分	
		现场恢复	在加工过程中遵循"6S""三不落地"原则	15	每漏一项扣1分,扣完为止	
4	总结	任务总结	1. 依据自评分数	2	—	
			2. 依据互评分数	3	—	
			3. 依据个人总结评价报告	10	依据总结内容是否到位给分	
合计				100		

 学习情境相关知识点

2.1 扫描前的准备工作

1. 扫描前标定扫描系统

扫描前需要对扫描系统进行标定,标定的主要目的是准确计算相机与投影仪的内、外部参数。内部参数是指和镜头相关的焦距等信息,外部参数指相机和投影仪之间的相关信息。桌面类型三维扫描仪是通过拍摄标定板3个摆放角度的数据,获取相机内部属性参数信息以及相机之间的相对关系数据,并且获取扫描头与云台的相对位置关系。

1)启动 Win3DD 扫描系统

启动 Win3DD 扫描系统,启动专用计算机、硬件系统,使扫描系统预热 5～10 min,以保证标定状态与扫描状态尽可能相近。

2)开始标定

单击桌面快捷图标启动软件,单击"扫描标定切换"按钮,进入软件标定界面(图2-10)。

注意事项:标定的每一步都要将标定板上至少 88 个标志点被提取出来才能继续下一步标定。

(1)调整扫描距离,根据界面左上角的标定指示操作,开始标定。调整标定板(图2-11),将标定板放置在视场中央,通过调整硬件系统的高度以及俯仰角,使两个十字叉尽可能重合。将标定板水平放置,调整扫描距离后单击"标定"按钮,此时完成了第(1)步。

(2)保持标定板不动,调整三脚架,升高硬件系统40 mm,满足要求后单击"下一步"按钮,完成第(2)步。

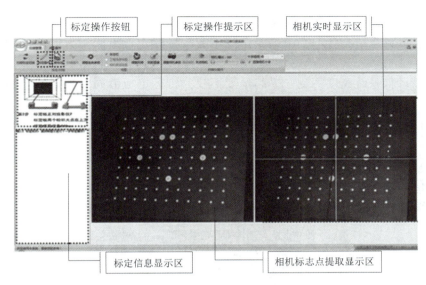

图 2 – 10　软件标定界面

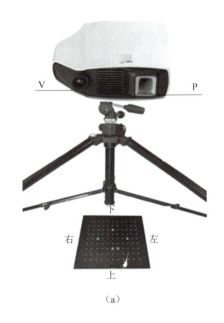

（a）

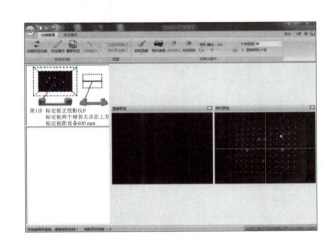

（b）

图 2 – 11　调整标定板

（3）保持标定板不动，调整三脚架，使硬件系统降低 80 mm，单击"下一步"按钮，然后调整三脚架，将硬件系统升高 40 mm，进入下一步。

（4）保持硬件系统高度不变，将标定板旋转 90°，垫起与相机同侧下方一角，角度约为 20°，让标定板正对光栅投射器，完成第（4）步。

（5）保持硬件系统高度不变，垫起角度不变，将标定板沿同一方向旋转 90°，完成第（5）步。

（6）保持硬件系统高度不变，垫起角度不变，将标定板沿同一方向旋转 90°，完成第（6）步。

（7）保持硬件系统高度不变，将标定板沿同一方向旋转 90°，垫起与相机异侧一边，角度约为30°，让标定板正对相机，完成第（7）步。

（8）保持硬件系统高度不变，垫起角度不变，将标定板沿同一方向旋转90°，完成第（8）步。

（9）保持硬件系统高度不变，垫起角度不变，将标定板沿同一方向旋转90°，完成第（9）步。

（10）保持硬件系统高度不变，垫起角度不变，将标定板沿同一方向旋转90°，完成第（10）步。

如果最后计算得到的误差结果太大，标定精度不符合要求，则需重新标定，否则会得到无效的扫描精度与点云质量。

最终标定成功界面如图2－12所示。

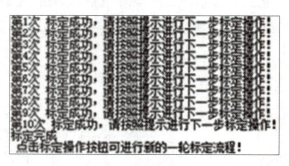

图 2 - 12　标定成功界面

成功标定后，就可以按照图2－13所示Win3DD三维扫描仪的典型工作流程进行操作。

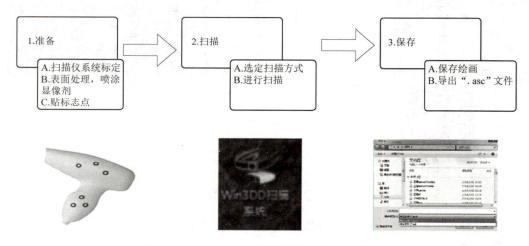

图 2 - 13　Win3DD 三维扫描仪的典型工作流程

2. 被测物体表面处理

被测物体表面的材质、色彩及反光透光等情况可能对测量结果有一定的影响，而被测物体表面的灰尘、切屑等会使测量数据的质量不佳。因此，首先要对扫描件进行清洗，对黑色锈蚀表面、透明表面、反光表面做表面处理。物体最适合进行三维光学扫描的表面状况是亚光白色，因此通常采用的表面处理方式是在表面喷涂一层薄的白色物质。根据被测物体的要求，对于一些不需要清除喷涂物的被测物体，一般可以选择白色的亚光漆、白色显像剂等，而对于需要清除喷涂物的被测物体，只能使用白色显像剂，以便测量后容易去除，还物体本来面目。

物体表面喷涂应注意以下几点。

（1）不要喷涂太厚，只要均匀喷涂薄薄一层即可，否则会带来表面处理误差。

（2）对于贵重物体，最好先试喷一小块，以确认不会对表面造成破坏。

3. 贴标志点

在实际工作中，根据工件的特征，贴标志点的情况主要有两大类：一类为可以直接将标志点贴在工件表面，另一类为标志点无法直接贴在工件表面，需要进行"借助"贴点。

1）第一类：标志点可以直接贴在工件表面

对于大部分工件，可以直接贴标志点，在扫描过程中标志点相对于工件位置不变，扫描仪和工件可以相对移动，拼接精度有保障。在这种情况下，贴标志点时只要遵循粘贴规范即可。

贴标志点技巧如下。

（1）应根据当前标定范围选择大小合适的标志点，标志点太大或太小会影响软件识别，影响精度。

（2）标志点应均匀随机贴在工件表面（图 2 – 14），应避免贴成线性、阵列；贴得过于规则会造成标志点识别错乱，出现扫描错位情况（图 2 – 15）。

（3）标志点应贴在平面或曲面上，贴在边缘会导致标志点不完整，影响识别（图 2 – 16）。

（4）标志点应保持干净完整，标志点破损或有遮挡会造成标志点不完整，影响识别。

图 2 – 14　标志点均匀随机粘贴

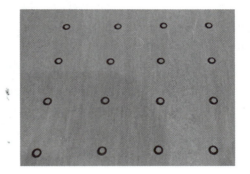

图 2 – 15　标志点贴得过于规则

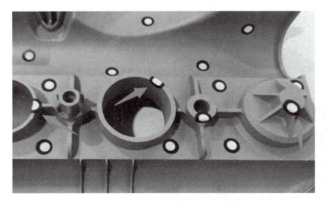

图 2 – 16　标志点贴在边缘导致标志点不完整

2）第二类：标志点无法直接贴在工件表面

当遇到一些尺寸比较小或结构比较复杂的工件时，无法直接在工件表面上贴标志点，这时需要借助背景或一些夹具来贴标志点，实现拼接扫描的目的。

可在转盘上贴标志点，将工件固定在转盘上（图2－17）。

图2－17　在转盘上贴标志点

操作难点：因为标志点贴在转盘而不直接贴在工件表面上，所以工件需要很好的固定，如果在转盘转动过程中工件相对于标志点的位置产生移动，会导致扫描数据错位，扫描不准的情况，但在扫描软件中拼接精度显示正常，不易被发现。

对尺寸小且结构复杂，且放在转盘上无法扫全的工件，需要制作夹具将工件固定好，并在夹具上贴标志点后扫描（在夹具上的贴标志点的技巧参考上述内容）。

操作难点：难点在于夹具与工件的固定，在扫描过程中不能出现相对位移，如果固定不牢则扫描数据不准，对检测造成影响。

总结：在三维扫描预处理——贴标志点的过程中，需要寻找与工件大小相适应的标志点，标志点的粘贴要均匀随机，且保证标志点完整、清晰，若通过转盘或夹具进行"借助"贴点，则在扫描过程中需要保证工件与转盘或夹具固定。

2.2　扫描步骤

利用Win3DD三维扫描仪完成图2－2所示体温枪扫描过程。

具体工作步骤如下。

（1）喷显像剂。此工件表面不是白色的，因此要喷显像剂，如图2－18所示。

（2）贴标志点。标志点可直接贴在工件表面上，不影响其扫描及后期处理（图2－19）。

图2－18　喷显像剂　　　　　　　　图2－19　贴标志点

（3）确定扫描方式。此工件为典型结构件，各方向特征明显，外形不大，因此选用"拼接扫描"方式。单击桌面Win3DD图标，新建"工程1"（图2-20）。

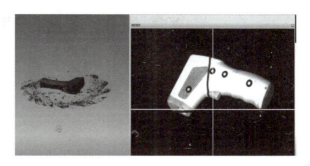

图2-20 扫描过程

将喷好显像剂的工件垫橡皮泥放在转盘上（注意：转盘上先杂乱地多贴标志点），单击"扫描标定切换"按钮，再单击"扫描操作"按钮，转3~5个不同角度分别扫描（即单击"扫描操作"按钮）。

注意：工件在转盘上的位置不可变化，通过转盘的不同角度使被扫描到的工件表面尽可能完全，使正/反面被扫描后拥有较多的重复区域，以便于手动对齐拼接。

（4）保存扫描数据。单击"保存"按钮或选择"工程管理"下拉菜单中的"点云另存为"选项对点云进行保存处理（图2-21）。

图2-21 保存点云文件

新建"工程2"，同理，扫描工件反面的点云文件，将扫描数据保存为点云文件（".asc"）格式，之后导入到Geomagic Wrap等逆向工程软件，进行点云数据处理，最后完成建模。

模块二

模型数据处理

点云数据处理

 学习情境描述

逆向工程的工作流程：①数据采集，通过对产品的分析选择合适的数据采集设备（激光扫描仪、光栅式扫描仪、三坐标测量机等）；②数据处理，对点云数据进行优化处理后，封装成三角面片 ".stl" 格式（Geomagic Studio 等）；③模型重构，通过逆向设计软件进行产品 CAD 数据模型的构建（Geomagic Design X 等）；④产品创新设计，采用正向设计软件对重构的 CAD 数据模型进行创新设计（Siemens NX、Creo、CATIA 等）；⑤产品模具开发、生产、数控加工、快速成形等。

本学习情境通过学习 Geomagic Design X 这款逆向设计软件，并对逆向建模案例进行学习训练，从而掌握逆向设计技术，创建出产品的 CAD 数据模型（".stp"".igs" 等格式）。

在完成数据采集后，需要对采集的数据进行处理优化，进而进行模型的重构。

学习目标

【能力目标】
掌握相关工具的使用方法。

【知识目标】
掌握点云处理工具、多边形处理工具的使用方法。

【素质目标】
培养学生的动手能力、设计能力、社会实践能力；通过指导学生使用逆向设计软件进行建模等操作方法，使学生建立具体情况具体分析，针对不同情况使用不同建模方法的思维方式。

 任务书

某厂家急需赶制一批测温仪（图 3-1），该厂家利用三维扫描仪进行点云数据采集，然后使用 Geomagic Design X 软件进行处理和封装，保存成 STL 格式为后续建模做准备。

【应用场景】对扫描采样的数据进行处理，消除多余杂点，为后续逆向建模做准备。

图 3-1　测温仪

任务分组

学生任务分配见表 3 – 1。

表 3 – 1　学生任务分配

班级		组号		指导老师	
组长		学号			
组员	班级	姓名		学号	电话
任务分工					

 工 作 准 备

（1）阅读工作任务书，完成分组和组员间分工。

（2）收集逆向设计软件相关知识。

（3）认识 Geomagic Design X 软件工作界面。

（4）完成点云处理操作任务。

（5）进行后处理，展示作品，分组评分。

获取资讯

» 引导问题 1（元素认识）：每一领域的专业软件都有其专业的术语、元素等。逆向工程中最常见的元素就是点云、多边形等。请在表 3 – 2 中对应图形处填写对应元素名称。

表 3 – 2　元素认识

元素	图片	概念
点云 点云		
多边形 面片		

续表

元素	图片	概念
境界	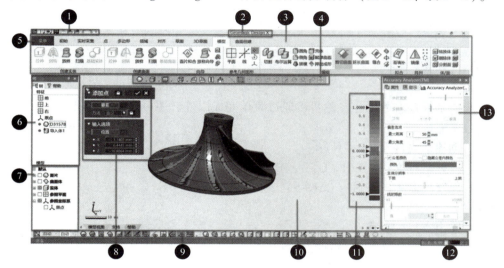	

> 引导问题 2：填写 Geomagic Design X 工作界面各部分名称（图 3 – 2、表 3 – 3）。

图 3 – 2　**Geomagic Design X 软件工作界面**

表 3 – 3　**Geomagic Design X 软件工作界面认识**

序号	名称	作用
1		
2		
3		
4		
5		
6		
7		
8		
9		
10		
11		
12		
13		

引导问题3：填写图3-3所示 Geomagic Design X 软件常用工具图标的含义。

① ② ③ ④ ⑤ ⑥ ⑦ ⑧

图3-3　Geomagic Design X 软件常用工具图标

1：＿＿＿＿＿＿＿＿＿＿　　2：＿＿＿＿＿＿＿＿＿＿

3：＿＿＿＿＿＿＿＿＿＿　　4：＿＿＿＿＿＿＿＿＿＿

5：＿＿＿＿＿＿＿＿＿＿　　6：＿＿＿＿＿＿＿＿＿＿

7：＿＿＿＿＿＿＿＿＿＿　　8：＿＿＿＿＿＿＿＿＿＿

小 资 料

常用操作是最基本的操作，除可以通过菜单完成以外，还可以利用工具栏中的常用操作快捷按钮快速完成。

新建：创建新文件（Ctrl + N）；

打开：打开既存文件（Ctrl + O）；

保存：保存作业中的文件（Ctrl + S）；

导入：导入文件；

输出：输出选择的要素；

设置：变更设置（可更改鼠标操作方式等）；

撤销：撤销前面的操作（Ctrl + Z）。

引导问题4：在模型视图中，鼠标的光标有两种模式，一种是选择模式，另一种是视图模式，单击鼠标中键可切换这两种模式，请将具体操作方法填入表3-4。

表3-4　鼠标操作

鼠标	模式	功能	操作方法
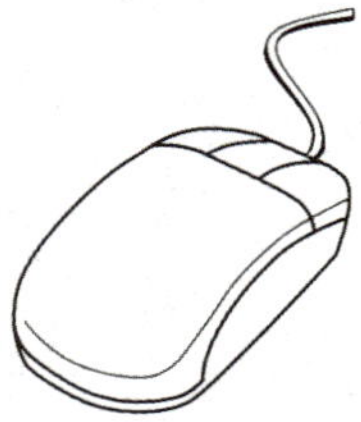	选择模式	旋转	
		放大	
		平移	
	视图模式	旋转	
		放大	
		平移	

工作计划

按照收集的资讯和决策过程，根据 Geomagic Design X 软件点云处理步骤、后处理步骤、注意事项，完成表3-5。

表 3－5　点云处理工作方案

步骤	工作内容	负责人
1		
2		
3		
4		
5		

 工作实施

1. 按照本组制定的计划实施——扫描数据导入

选择"插入"→"导入"选项，弹出图 3－4 所示对话框，导入"测温枪 1（1）. asc""测温枪 1（2）asc"点云文件（图 3－4）。

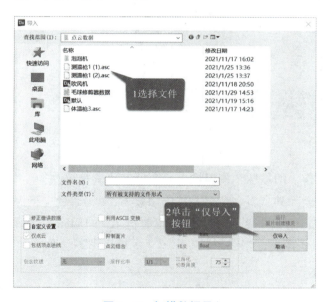

图 3－4　扫描数据导入

2. 点处理阶段

（1）选择"点"选项进入点云模式。

（2）单击"杂点消除" [图标] 按钮，选择目标为两个测温枪点云数据，再单击"确定" [图标] 按钮即可，自动删除扫描过程中产生的噪声群组，如图 3－5 所示。

（3）继续消除杂点，选中一个目标点云，选择"杂点消除"→"过滤离群领域"→"用包围盒过滤"选项，调整包围盒范围，删除包围盒外离群杂点，如图 3－6 所示。

图 3 - 5　杂点消除

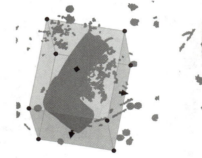

图 3 - 6　过滤离群领域

（4）重复上述操作，消除两个测温枪点云数据的离群领域。

（5）用套索工具删除其余多余杂点。首先用套索工具 ⌇ 选中测温枪点云1区域，选择"反选"选项，选中要删除的杂点，然后按住键盘上的 Delete 键删除多余杂点，效果如图 3 - 7 所示。重复上述操作，删除测温枪点云2区域周围多余杂点。

图 3 - 7　用套索工具删除杂点

（6）继续选择套索工具，直接选中多余的杂点，按住键盘上的 Delete 键，删除多余的杂点，效果如图 3 - 8 所示。

图 3 - 8 删除多余杂点

（7）选择"点"菜单下的"采样" 命令，根据曲率、比率、距离和许可公差来减少点云的总点数，选择"平滑" 命令，降低点云粗糙度，使点云更加平滑，如图 3 - 9 所示。

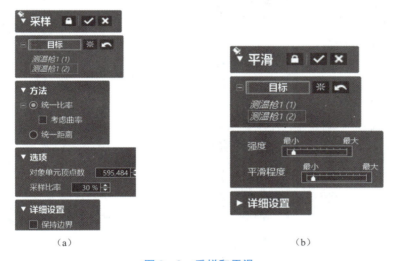

（a）   （b）

图 3 - 9 采样和平滑
（a）采样；（b）平滑

3. 对齐阶段

选择"对齐"菜单下的"扫描数据对齐"命令，选择"自动对齐"方式进行对齐，选择测温枪 1（1）为参照，测温枪 1（2）为移动，单击"对齐"按钮，扫描数据实现自动对齐。如果不能满足要求还需手动对齐，如图 3 - 10 所示。

图 3 - 10 扫描数据对齐

4. 三角面片化

选择"点"菜单下的"合并点云"命令，单击"构造面片"单选按钮，在将两个点云数据合并的同时将点云数据转化为三角面片，如图 3–11 所示。

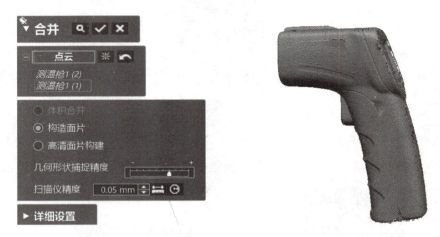

图 3–11 三角面片化

5. 多边形阶段

对封装后的面片进行优化，选择"多边形"命令下的"填孔""创建面片精灵""智能刷""平滑"等命令使面片更加完整，更有利于后期建模，如图 3–12 所示。

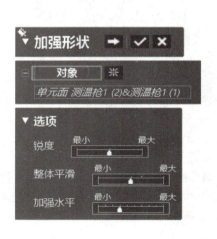

图 3–12 多边形阶段

评价反馈

各组代表展示作品，介绍任务完成过程。展示作品前应准备阐述材料，并完成表 3–6 ~ 表 3–9。

表3-6 学生自评表

班级		组名		日期	年 月 日
评价指标	评价内容			分数	分数评定
信息检索	能够有效地利用网络、图书资源查找有用的相关信息等；能够将查到的信息有效地传递到学习中			10	
感知课堂生活	能够熟悉逆向工程岗位，认同工作价值；在学习中能够获得满足感			10	
参与态度	积极主动地与教师、同学交流，相互尊重、理解、平等；与教师、同学能够保持多向、丰富、适宜的信息交流			10	
	能够处理好合作学习和独立思考的关系，做到有效学习；能够提出有意义的问题或发表个人见解			10	
知识获得	1. 能够正确使用点处理，完成三角面片化			20	
	2. 能够按照要求完成数据合并与降噪处理			20	
思维态度	能够发现问题、提出问题、分析问题、解决问题、创新问题			10	
自评反馈	按时按质完成工作任务；较好地掌握知识点；具有较强的信息分析能力和理解能力；具有较为全面严谨的思维能力并能够将所学知识条理清晰地表达成文			10	
自评分数					
有益的经验和做法					
总结反馈建议					

表3-7 组内评价表

班级		组名		日期	年 月 日
评价指标	评价内容			分数	分数评定
信息检索	能够有效地利用网络、图书资源、工作手册查找有用的相关信息等；能够用自己的语言有条理地解释、表述所学知识；能够将查到的信息有效地传递到工作中			10	
感知工作	能够熟悉工作岗位，认同工作价值；在工作中能够获得满足感			10	
参与态度	积极主动地参与工作，吃苦耐劳，崇尚劳动光荣、技能宝贵；与教师、同学相互尊重、理解、平等；与教师、同学能够保持多向、丰富、适宜的信息交流			10	
	探究式学习、自主学习不流于形式，能够处理好合作学习和独立思考的关系，做到有效学习；能够提出有意义的问题或发表个人见解；能够按要求正确操作；能够倾听他人的意见，与他人协作共享			10	

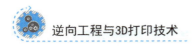

续表

评价指标	评价内容	分数	分数评定
学习方法	学习方法得体，有工作计划；操作符合规范要求；获得进一步学习的能力	10	
工作过程	遵守管理规程，操作过程符合现场管理要求；平时上课的出勤情况和每天完成工作任务情况良好；善于多角度分析问题，能够主动发现、提出有价值的问题	15	
思维态度	能够发现问题、提出问题、分析问题、解决问题、创新问题	10	
自评反馈	按时按质完成工作任务；较好地掌握专业知识点；具有较强的信息分析能力和理解能力；具有较为全面严谨的思维能力并能够将所学知识条理清晰地表达成文	25	
小组自评分数			
有益的经验和做法			
总结反馈建议			

表 3 - 8　组间评价表

班级		组名		日期	年 月 日
评价指标	评价内容			分数	分数评定
信息检索	该组能够有效地利用网络、图书资源、工作手册查找有用的相关信息等			5	
	该组能够用自己的语言有条理地解释、表述所学知识			5	
	该组能够将查到的信息有效地传递到工作中			5	
感知工作	该组能够熟悉工作岗位，认同工作价值			5	
	该组成员在工作中能够获得满足感			5	
参与态度	该组与教师、同学相互尊重、理解、平等			5	
	该组与教师、同学能够保持多向、丰富、适宜的信息交流			5	
	该组能够处理好合作学习和独立思考的关系，做到有效学习			5	
	该组能够提出有意义的问题或发表个人见解；能够按要求正确操作；能够倾听他人的意见，与他人协作共享			5	
	该组能够积极参与，在产品加工过程中不断学习，综合运用信息技术的能力得到提高			5	

续表

评价指标	评价内容	分数	分数评定
学习方法	该组的工作计划、操作过程符合现场管理要求	5	
	该组获得了进一步发展的能力	5	
工作过程	该组遵守管理规程，操作过程符合现场管理要求	5	
	该组成人员平时上课的出勤情况和每天完成工作任务情况良好	5	
	该组成员能够完成数据处理，得到合适的面片文件，并善于多角度分析问题，能够主动发现、提出有价值的问题	15	
思维态度	该组能够发现问题、提出问题、分析问题、解决问题、创新问题	5	
自评反馈	该组能够严肃认真地对待自评，并能够独立完成自测试题	10	
互评分数			
简要评述			

表 3-9　教师评价表

班级			组名		姓名	
出勤情况						
序号	评价内容	评价要点	考察要点	分数	分数评定标准	得分
1	任务描述、接受任务	口述任务内容细节	1. 表达自然、吐字清晰	2	表达不自然或吐字不清晰扣 1 分	
			2. 表达思路清晰、准确		表达思路不清晰、不准确扣 1 分	
2	任务分析、分组情况	依据任务内容分组分工	1. 分析点云步骤关键点准确	3	分析点云步骤关键点不准确扣 1 分	
			2. 理论知识回顾完整、分组分工明确		理论知识回顾不完整扣 1 分，分组分工不明确扣 1 分	
		制定点云处理工艺计划	点云处理工艺计划完整	20	点云处理工艺计划不完整，错一步扣 2 分	

续表

序号	评价内容	评价要点	考察要点	分数	分数评定标准	得分
3	计划实施	点云处理阶段	按要求删除杂点	15	每漏一项扣1分	
		多边形阶段	完成数据合并	30	数据合并不正确扣5分	
			导出STL文件		未能正确导出STL文件扣5分	
		现场恢复	在加工过程中遵循"6S""三不落地"原则	15	每漏一项扣1分，扣完为止	
4	总结	任务总结	1. 依据自评分数	2	—	
			2. 依据互评分数	3	—	
			3. 依据个人总结评价报告	10	依据总结内容是否到位给分	
合计				100		

 学 习 情 境 相 关 知 识 点

3.1 逆向设计软件介绍

Geomagic Design X 软件包含多种模式，不同模式具有不同的功能，可根据所需功能选择相应的模式进行操作。图3-13所示为 Geomagic Design X 软件数据处理阶段操作流程。

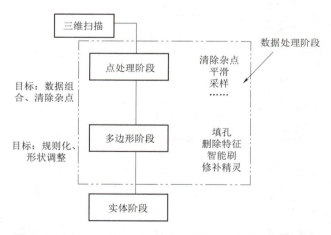

图3-13 Geomagic Design X 软件数据处理阶段操作流程

3.2　点云模式

点云模式包含清理和编辑点云的功能，并且能够创建面片。点云模式的功能适用于模型树中显示的所有点云，如图 3 – 14 所示。

图 3 – 14　点云模式

点云模式的常用命令有杂点消除、采样、平滑、构造面片等。

1. 杂点消除

"杂点消除"命令 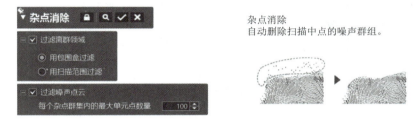 可以自动过滤点云数据中的一些干扰杂点，通过设置过滤离群领域，可以去除不需要的部位，从而对点云数据进行更合理的设置，如图 3 – 15 所示。

杂点消除
自动删除扫描中点的噪声群组。

图 3 – 15　"杂点消除"命令

过滤离群区域：选取合理的区域，去除在定义区域之外的所有点，包括"用包围盒过滤"和"用扫描范围过滤"两种方式。

过滤噪声点云：通过设置每个杂点群集内的最大单元点数量去除杂点。

2. 采样

"采样"命令的主要功能是根据比率、曲率、距离和许可公差来减少单元面数量，用于处理大规模点云或者删除点云中多余的点，如图 3 – 16 所示。

采样
根据比率、曲率或距离减少点云中的总点数。

图 3 – 16　"采样"命令

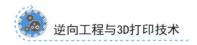

统一比率：使用统一的单元点比率减少单元点的数量。

考虑曲率：根据点云的曲率流采样点云。勾选此复选框，对于高曲率区域采样的单元点数将比低曲率区域的少，因此可以保证曲率的精度。

采样比率：使用指定的数值采样数据点。如果采样比率设置为100%，则使用全部选定的数据。如果采样比率设置为50%，则只使用选定数据的一半。

对象单元点数：设置在采样后留下的单元点的目标数量。

保持边界：保留境界周围的单元点。

3. 平滑

利用"平滑"命令可以根据设计需要，设置点云的强度和平滑度，为接下来的面片形成提供前提条件，如图3-17所示。

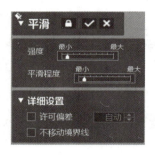

平滑
降低点云中外侧形状的粗糙度，使其更加平滑。

图3-17　"平滑"命令

目标：需要编辑的点云数据。

强度：增大或者减小点云数据的影响。

平滑程度：提高或者降低点云粗糙度。

许可偏差：设置许可偏差的范围，平滑过程中在许可偏差范围内限制单元点的变形。

4. 创建面片精灵

该命令用于根据多个原始三维扫描数据创建面片模型的向导类界面。该命令由5个步骤组成，可以迅速创建已合并的面片。"创建面片精灵"命令效果如图3-18所示

图3-18　"创建面片精灵"命令效果

5. 三角面片化

该命令通过连接三维扫描数据范围内的点创建单元面，以构建面片。其对象可以是整个点云，也可以是点云中单个的单元点云。"三角面片化"命令效果如图3-19所示。

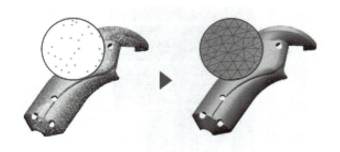

图 3-19 "三角面片化"命令效果

6. 合并与结合

当有多个点云时才能使用这两个命令，只有一个点云时这两个命令显示灰色。

"合并"命令合并多个点云创建一个面片，可以有效移除重叠区域并将相邻境界缝合在一起。

"结合"命令结合多个点云创建一个单独的要素。

"合并"与"结合"命令效果如图 3-20 所示。

图 3-20 "合并"与"结合"命令效果

3.3 多边形模式

多边形模式包含编辑、修整、加强和优化面片功能。多边形模式界面如图 3-21 所示。只有构造面片后，此模式才可以使用。

图 3-21 多边形模式界面

1. 填孔

"填孔"命令根据面片的特征形状使用单元面填补缺失的孔洞，如图 3-22 所示。

"填孔"命令具有改善边界或者删除边界特征形状的高级编辑功能，主要根据面片的特征形状手动使用单元面填补缺失的孔洞。"填孔"命令效果如图 3-23 所示。

填补曲率可以在"平坦""相切""曲率"3 种模式间切换。平坦：使用平坦的单元面填补目标境界。曲率：使用境界的曲率单元面填补目标境界。

图 3 – 22 "填孔"命令

图 3 – 23 "填孔"命令效果

2. 平滑

"平滑"命令可以消减杂点、降低面片的粗糙度，让面片更加光滑 [图 3 – 24 （a）]。"平滑"命令可以用于整个面片，也可以用于局部的面片，主要用于消除杂点的影响，提高面片品质。"平滑"命令的效果类似降噪 [图 3 – 24 （b）]。

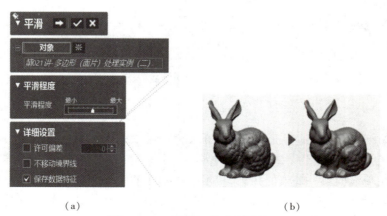

（a）   （b）

图 3 – 24 "平滑"命令及其效果

（a）"平滑"命令；（b）"平滑"命令效果

许可偏差：设置在平滑操作过程中单元面变形的许可偏差。

不移动边界线：保留单元点的移动量。

3. 修补精灵和智能刷

修补精灵自动识别和修补面片中的各种缺陷。其界面如图 3 – 25 所示。

智能刷通过连接三维扫描数据范围内的点创建单元面，以构建面片。其对象可以是整个点云，也可以是点云中单个的单元点云。其界面如图 3 – 26 所示。

图 3 – 25 修补精灵界面

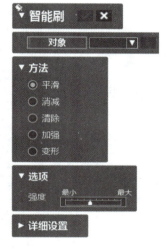

图 3 – 26 智能刷界面

遥控手柄的逆向建模

 学习情境描述

完成无人机遥控手柄的逆向建模。

 **学习目标**

【能力目标】

认识 Geomagic Design X 软件的基本命令，掌握 Geomagic Design X 软件的基本建模方法，会根据不同的模型使用合适的拉伸建模方法。

【知识目标】

能说出面片草图、面片拟合、拉伸建模、坐标对齐等功能的使用步骤。

【素质目标】

培养学生的动手能力、设计能力、社会实践能力、思维能力；通过指导学生掌握 Geomagic Design X 软件的基本建模方法，使学生树立从基本做起，脚踏实地干事业的工匠精神。

任务书

客户：某无人机配件厂。

产品：无人机遥控手柄。

背景：某无人机配件厂是一家生产无人机配件的企业。由于逆向设计在无人机行业应用比较广泛，而且遥控手柄（图4-1）主要是由规则结构以及自由曲面组成的，所以很适合考核学生的逆向设计水平。

【应用场景】中小型企业的产品开发、破损文物的修复、军事装备研制、模具开发、家具复杂图案的数字化。

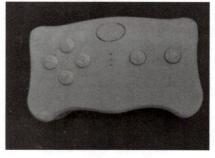

图4-1 遥控手柄

技术要求：大曲面精度为0.1 mm，局部细节特征以产品实际尺寸为准，合理修复变形位置。

 任务分组

学生任务分配见表4-1。

表4-1　学生任务分配

班级		组号		指导老师	
组长		学号			
组员	班级	姓名		学号	电话
任务分工					

工作准备

（1）阅读工作任务书，完成分组和组员间分工。

（2）收集逆向设计软件相关知识。

（3）认识 Geomagic Design X 软件工作界面。

（4）完成模型重构操作任务。

（5）进行后处理，展示作品，分组评分。

获取资讯

》 引导问题1：在领域组模式中，有时候自动分割后特征会分得不恰当，需要通过手动分割重新划分领域，主要的划分方式有哪些？

_____

_____

_____

小资料

如果相邻的领域相似度较大，合并后可以在同一曲面中将其合并成一个新的领域。具体操作步骤如下。

（1）在"领域组"模式下，选择要合并的领域组。

（2）单击"合并"按钮，选中要合并的领域，生成新的领域，领域合并效果如图4－2所示。

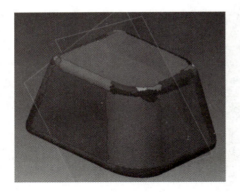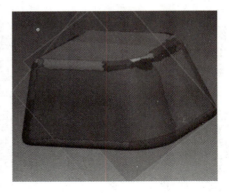

图4－2　领域合并效果

⟫ 引导问题2：根据世界坐标系切换视点（图4－3），应用视点功能可以从不同的定义方向查看模型，每个视点的功能及其快捷方式见表4－2，请在表中填上对应的命令序号。

表4－2　视点功能及其快捷键

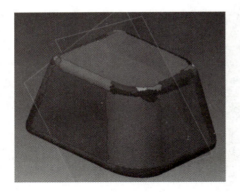

图4－3　视点切换

视点	序号	快捷键
主视图：将视点改为主视图		
后视图：将视点改为后视图		
左视图：将视点改为左视图		
右视图：将视点改为右视图		
俯视图：将视点改为俯视图		
仰视图：将视点改为仰视图		
等轴视图：将视点改为标准的等轴视图		
逆时针旋转视点：90°逆时针旋转视点		
顺时针旋转视点：90°顺时针旋转视点		
翻转视点：沿垂直轴水平翻转视点		

⟫ 引导问题3：导入模型后为什么要进行手动对齐？对齐方法有哪些？"3－2－1对齐"中"3－2－1"的含义是什么？

➤ 引导问题 4：拉伸草图时有 7 种拉伸方法，它们各有什么特点？填写表 4 - 3。

表 4 - 3　拉伸方法

拉伸方法	拉伸过程图	拉伸效果	特点
距离			
通过			
到顶点			
到领域			
到曲面			
到体			
平面中心对称	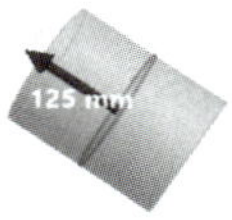		

📎 **工作计划**

按照收集的资讯和决策过程，根据逆向建模处理步骤、后处理步骤、注意事项，完成表 4 - 4。

表4-4　模型重构工作方案

步骤	工作内容	负责人
1		
2		
3		
4		
5		
6		
7		
8		
9		
10		

工作实施

（1）选择"插入"→"导入"选项，导入遥控手柄".stl"面片文件。

（2）单击工具栏中的"领域"按钮，进入领域模式，弹出"自动分割"对话框〔图4-4（a）〕，在"敏感度"框中输入"30"，完成面片的领域分割，如图4-4（b）所示。

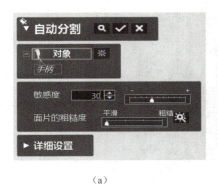

（a）　　　　　　　　　　　　　　　　　（b）

图4-4　领域分割

（3）追加参考平面，选择提取底面多个点，增加一个平面1〔图4-5（a）〕，然后以平面1为基准绘制面片草图〔图4-5（b）〕，选择模型拉伸曲面命令，拉出图4-5（c）所示的两个平面，为手动对齐做准备。选择"手动对齐"命令，选择移动实体"手柄"，单击"下一阶段"按钮，选择"X-Y-Z"对齐，位置选择拉伸的两平面交点，X轴选择边线1，Y轴选择边线2。单击即可完成模型的坐标系对准，可将视图模式翻转观察，发现均对准无误。

（a）

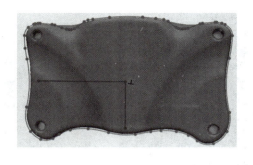

（b）

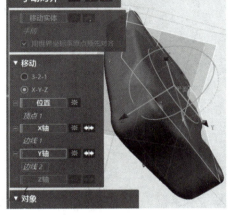

（c）

图 4 - 5　对齐方式

（4）选择"面片草图"命令，选取"前"为基准平面，基准面偏移距离为 15 mm，创建"偏移的断面 1"。单击，根据截取的粉色轮廓线绘制草图，对草图要进行尺寸约束和几何约束（图 4 - 6）。

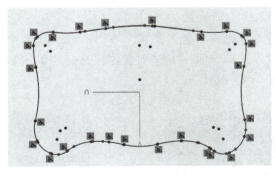

图 4 - 6　面片草图

（5）选择"拉伸实体"命令，选择绘制的"草图 2（面片）"，选择"轮廓"→"草图环路 1"选项，选择"方法"→"到领域"选项，选取面片上表面的平面领域，如图 4 - 7 所示。单击"确定"按钮即可完成拉伸操作。

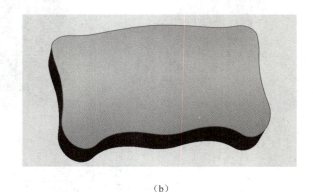

（a）　　　　　　　　　　　　　　（b）

图 4 - 7　拉伸到领域

（6）选择"倒角"命令，选择绘制的"边线 1"，单击"方法"→"距离和距离"单选按钮，"距离"设置为"2.8 mm"，距离 2"设置为"2.8 mm"，勾选"切线扩张"复选框，如图 4 - 8 所示。单击"确定"按钮即可完成倒角操作。

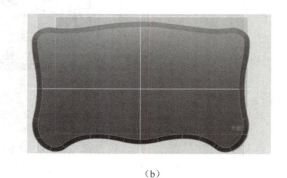

（a）　　　　　　　　　　　　　　（b）

图 4 - 8　倒角操作

（7）选中底部两个领域，选择"面片拟合"命令，拟合出两个面片。然后，选择"切割"工具，选择拟合面片 1 和拟合面片 2，"对象体"选择"倒角 1"，单击"确定"按钮即可完成切割操作。效果如图 4 - 9 所示。

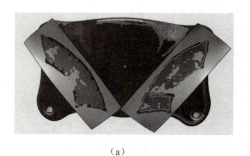

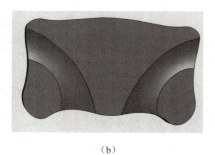

（a）　　　　　　　　　　　　　　（b）

图 4 - 9　切割操作

（8）选择"3D面片草图"命令，用"样条曲线"命令绘制图4-10所示曲线环，退出草图后，选择"Add-Ins"→"传统境界拟合"命令，拟合出面片后，延长该曲面片，然后用"切割"命令完成实体切割操作。用同样的方法完成对称形状的切割。

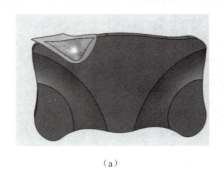
（a）

（b）

图4-10　切割操作

（9）选择"面片草图"命令，选取"前"为基准平面，基准面偏移距离为3 mm，创建"偏移的断面1"。单击，根据截取的粉色轮廓线绘制草图，对草图要进行尺寸约束和几何约束（图4-11）。

（a）

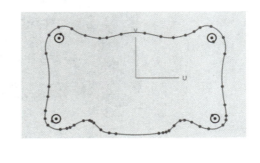
（b）

图4-11　面片草图绘制

（10）选择"拉伸实体"命令，选择绘制的"草图4（面片）"，选择"轮廓"→"草图环路1"~"草图环路4"选项，选择"方法"→"距离"选项，在"长度"框中输入"6 mm"，勾选"结果运算"→"切割"复选框，如图4-12所示。单击，即可完成拉伸切割操作。

（a）

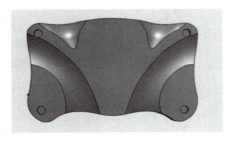
（b）

图4-12　拉伸切割操作

（11）以前视基准面为基础增加一个平面2，以该平面为基准平面绘制面片草图，然后选择"拉伸"命令完成按钮的拉伸操作，如图4-13所示。

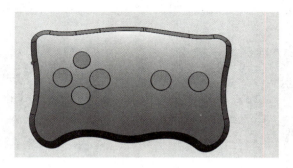

图4-13　按钮拉伸操作

（12）完成各边角的倒圆操作后，进行体偏差分析后，对误差较大的区域进行修改（图4-14），最后将模型输出保存为".stp"格式文件（图4-15）。

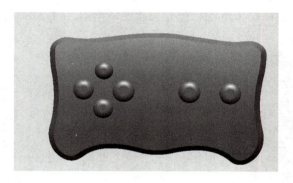

图4-14　最终效果

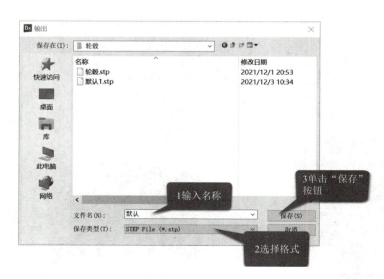

图4-15　模型输出

评价反馈

各组代表展示作品，介绍任务完成过程。展示作品前应准备阐述材料，并完成表 4 − 5 ～ 表 4 − 8。

表 4 − 5　学生自评表

班级		组名		日期	年 月 日
评价指标	评价内容			分数	分数评定
信息检索	能够有效地利用网络、图书资源查找有用的相关信息等；能够将查到的信息有效地传递到学习中			10	
感知课堂生活	能够熟悉逆向工程岗位，认同工作价值；在学习中能够获得满足感			10	
参与态度	积极主动地与教师、同学交流，相互尊重、理解、平等；与教师、同学能够保持多向、丰富、适宜的信息交流			10	
	能够处理好合作学习和独立思考的关系，做到有效学习；能够提出有意义的问题或发表个人见解			10	
知识获得	1. 能正确划分领域			20	
	2. 能按要求完成逆向建模			20	
思维态度	能够发现问题、提出问题、分析问题、解决问题、创新问题			10	
自评反馈	按时按质完成工作任务；较好地掌握知识点；具有较强的信息分析能力和理解能力；具有较为全面严谨的思维能力并能够将所学知识条理清晰地表达成文			10	
自评分数					
有益的经验和做法					
总结反馈建议					

表 4 − 6　组内评价表

班级		组名		日期	年 月 日
评价指标	评价内容			分数	分数评定
信息检索	能够有效地利用网络、图书资源、工作手册查找有用的相关信息等；能够用自己的语言有条理地解释、表述所学知识；能够将查到的信息有效地传递到工作中			10	
感知工作	能够熟悉工作岗位，认同工作价值；在工作中能够获得满足感			10	

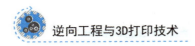

评价指标	评价内容	分数	分数评定
参与态度	积极主动地参与工作，吃苦耐劳，崇尚劳动光荣、技能宝贵；与教师、同学相互尊重、理解、平等；与教师、同学能够保持多向、丰富、适宜的信息交流	10	
	探究式学习、自主学习不流于形式，能够处理好合作学习和独立思考的关系，做到有效学习；能够提出有意义的问题或发表个人见解；能够按要求正确操作；能够倾听他人的意见，与他人协作共享	10	
学习方法	学习方法得体，有工作计划；操作符合规范要求；能够获得进一步学习的能力	10	
工作过程	遵守管理规程，操作过程符合现场管理要求；平时上课的出勤情况和每天完成工作任务情况良好；善于多角度分析问题，能够主动发现、提出有价值的问题	15	
思维态度	能够发现问题、提出问题、分析问题、解决问题、创新问题	10	
自评反馈	按时按质完成工作任务；较好地掌握专业知识点；具有较强的信息分析能力和理解能力；具有较为全面严谨的思维能力并能够将所学知识条理清晰地表达成文	25	
小组自评分数			
有益的经验和做法			
总结反馈建议			

表4-7 组间互评表

班级		组名		日期	年 月 日
评价指标	评价内容			分数	分数评定
信息检索	该组能够有效地利用网络、图书资源、工作手册查找有用的相关信息等			5	
	该组能够用自己的语言有条理地解释、表述所学知识			5	
	该组能够将查到的信息有效地传递到工作中			5	
感知工作	该组能熟悉工作岗位，认同工作价值			5	
	该组成员在工作中能够获得满足感			5	

续表

评价指标	评价内容	分数	分数评定
参与态度	该组与教师、同学相互尊重、理解、平等	5	
	该组与教师、同学能够保持多向、丰富、适宜的信息交流	5	
	该组能够处理好合作学习和独立思考的关系，做到有效学习	5	
	该组能够提出有意义的问题或发表个人见解；能够按要求正确操作；能够倾听他人的意见，与他人协作共享	5	
	该组能够积极参与，在产品加工过程中不断学习，综合运用信息技术的能力得到提高	5	
学习方法	该组的工作计划、操作过程符合现场管理要求	5	
	该组获得了进一步发展的能力	5	
工作过程	该组遵守管理规程，操作过程符合现场管理要求	5	
	该组成员平时上课的出勤情况和每天完成工作任务情况良好	5	
	该组成员能够加工出合格工件，并善于多角度分析问题，能够主动发现、提出有价值的问题	15	
思维态度	该组能够发现问题、提出问题、分析问题、解决问题、创新问题	5	
自评反馈	该组能够严肃认真地对待自评，并能够独立完成自测试题	10	
互评分数			
简要评述			

表 4-8 教师评价表

班级			组名		姓名	
出勤情况						
序号	评价内容	评价要点	考察要点	分数	分数评定标准	得分
1	任务描述、接受任务	口述任务内容细节	1. 表达自然、吐字清晰	2	表达不自然或吐字不清晰扣1分	
			2. 表达思路清晰、准确		表达思路不清晰、不准确扣1分	

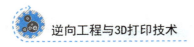

序号	评价内容	评价要点	考察要点	分数	分数评定标准	得分
2	任务分析、分组情况	依据任务内容分组分工	1. 分析建模步骤关键点准确	3	分析建模步骤关键点不准确扣1分	
			2. 理论知识回顾完整、分组分工明确		理论知识回顾不完整扣1分，分组分工不明确扣1分	
		制定逆向建模工艺计划	逆向建模工艺计划完整	20	逆向建模工艺计划不完整，错一步扣2分	
3	计划实施	建模前准备	工具准备就绪	15	每漏一项扣1分	
		建模过程	1. 正确划分领域	30	不能正确划分领域扣5分	
			2. 正确完成逆向建模步骤		不能正确完成逆向建模的一个步骤扣5分	
		现场恢复	在操作过程中遵循"6S""三不落地"原则	15	每漏一项扣1分，扣完为止	
4	总结	任务总结	1. 依据自评分数	2	—	
			2. 依据互评分数	3	—	
			3. 依据个人总结评价报告	10	依据总结内容是否到位给分	
合计				100		

 学习情境相关知识点

4.1 领域分割

领域是导入曲面模型按相似度划分成的不同区域，是曲面模型部分点云集合。领域分割即对原有模型进行切分，是将不规则曲面模型按照点云集相似度划分成不同的点云集，曲面模型建模是以领域划分为基础的。领域分割后可使用合并、分离、插入、缩小或扩大等操作对生成的领域进行编辑，根据相邻分割领域的特征选择不同的操作，对领域进行手动编辑以便于建模。

1. 自动分割

"自动分割"命令通过自动识别点云数据的三维特征，实现特征领域分类。分类后的特征领域具有几何特征信息，可用于快速创建特征。具体操作步骤如下。

（1）在菜单栏中选择"插入"→"导入"命令，导入要处理的点云数据。

（2）在工具栏中单击"领域"按钮，进入"领域"模式，选择"自动分割"命令 ，弹出"自动分割"对话框，如图 4 - 16 所示。

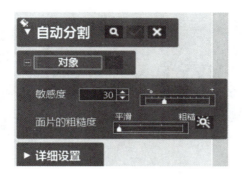

图 4 - 16　"自动分割"对话框

注意：

"敏感度"选项是将几何形状、圆角、自由曲面等领域分类为形状特征的基准。希望把光滑连接的领域作为 1 个领域组时，将滑块向左移；如果希望细分领域，则将滑块向右移（图 4 - 17）。

（a）　　　　　　　　　　　　　　　　　（b）

图 4 - 17　敏感度设置

2. 领域合并

如果相邻的领域相似度较高，则它们合并后可以在同一曲面中将其合并成一个新的领域。具体操作步骤如下。

（1）如图 4 - 18（a）所示，选择独立的 5 个领域。

（a）　　　　　　　　　　　　　　　　　（b）

图 4 - 18　领域合并

（2）单击工具栏中的 ▣（合并）按钮，将这些被选择的领域合并为一个领域。

注意：如果要分割这一领域，则选择领域并单击工具栏中的 ✹（分离）按钮（图4-19）。

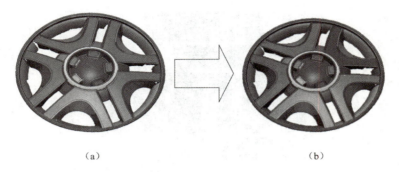

（a） （b）

图4-19 领域分离

3. 领域分割

因为敏感度过低，所以将两个特征不同的领域划分在同一个领域中，可以通过"分割"命令将其分割成多个领域以便于建模操作。具体操作步骤如下。

（1）选择"分割"命令 ✹，进入"分割"菜单，选择要分割的领域。

（2）按住 Alt 键拖动鼠标左键，可以改变涂刷的大小（图4-20）。

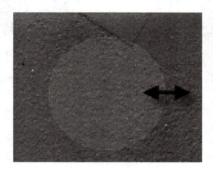

图4-20 改变涂刷大小

（3）如图4-21所示，用涂刷在面片上绘制分割线。黄色领域将被分割为3个领域。再次单击"确认"按钮，退出分割命令。

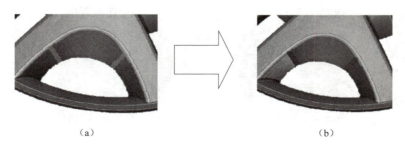

（a） （b）

图4-21 领域分割

注意：领域呈环状时（绿色领域），如果要将其分割为 2 个领域，则必须绘制 2 条分割线（图 4－22）。

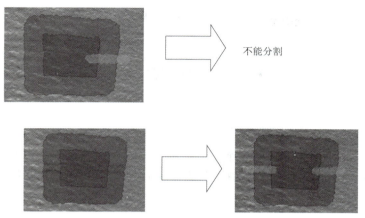

图 4－22　环状领域分割

4. 领域插入

如果领域组划分中需要增加新的领域，可以选择画笔工具[image]划分出需要的领域，选择"插入"命令[image]，划分出需要的领域，完成插入新领域的操作，如图 4－23 所示。

图 4－23　领域插入

5. 领域缩小或扩大

"缩小"/"扩大"命令可对选中的领域进行缩小或扩大操作，可以避开相邻的特征领域。具体操作步骤如下。

在"领域组"模式下选中领域，如图 4－24（a）所示。

选择"缩小"命令[image]或者"扩大"命令[image]，对领域面做适当的调整，领域缩小效果如图 4－24（b）所示。

（a）　　　　　　　　　　　　　　　　　（b）

图 4－24　领域缩小

4.2　面片草图

可以通过拟合从点云或面片上提取的断面多段线来绘制、编辑草图特征，例如直线、圆弧、样条曲线。进入"面片草图"模式，需定义基准平面，可以是参考平面、某平面或平面领域。绘制的草图便可用于创建曲面或实体。

退出"领域组"模式后，首先要对模型进行坐标系对齐，然后进入"面片草图"模式，弹出"面片草图的设置"对话框，设置好"由基准面偏移的距离"，单击"确定"按钮。

对于拉伸体的模型，选用"平面投影"，如图4－25所示，"基准平面"选择"前"，这时在"断面多段线"下就会有"偏移的断面1"，通过输入基准面偏移距离来创建面片的断面（粉色轮廓线）。如果模型需要多个断面完成，则需要单击"＋"按钮，在"断面多段线"下就会出现"偏移的断面2"，输入基准面偏移的距离，便可追加断面。选择完成后，单击"确定"按钮，进行草图绘制。

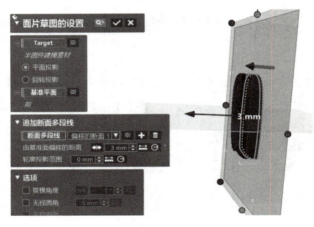

图4－25　拉伸案例

完成面片草图的设置后，模型将呈现面片的断面（粉色轮廓线）；在面片草图下，需参考面片的断面（粉色轮廓线）绘制二维草图，绘制的二维草图要尽量与粉红色的轮廓线重合，面片草图下的指令有拟合的功能，如图4－26所示。

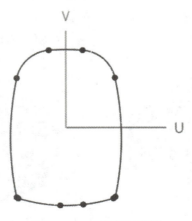

图4－26　二维草图绘制

（1）选择"自动草图"命令，框选要绘制的区域，然后单击"确定"按钮，自动从多段线处提取直线和弧线，以创建完整、受约束且复杂的草图轮廓，如图 4-27 所示。

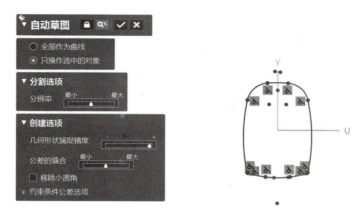

图 4-27 "自动草图"命令

（2）选中底部曲线，选中后该曲线被提亮，如需多选，则按住键盘上的 Shift 键继续选择，或按住鼠标左键不放，进行框选，选中的曲面会被提亮，如图 4-28（a）所示，按键盘上的 Delete 键删除不要的曲面，如图 4-28（b）所示。

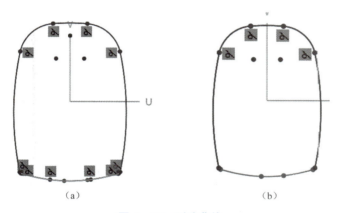

（a）   （b）

图 4-28 删除曲线

（3）选择"调整"命令，选择底部曲面端点，拉长底部曲线，如图 4-29 所示。

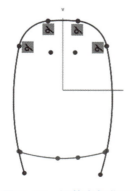

图 4-29 调整底部曲面

（4）选择"直线"命令，将底部曲线的两个端点连接起来，如图 4 – 30 所示。此时可单击精确度分析仪中的显示分离的终点，检查图形是否有端点未闭合，如有端点未闭合，则不能拉伸实体。

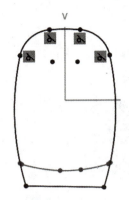

图 4 – 30　连接底部曲线

（5）检查无误后，单击绘图区右下角"退出"按钮，退出"面片草图"模式，此时，之前的图形整体高亮 ［图 4 – 31（a）］，选择"模型"菜单下的"拉伸"命令，就可以实现拉伸，效果如图 4 – 31（b）所示。

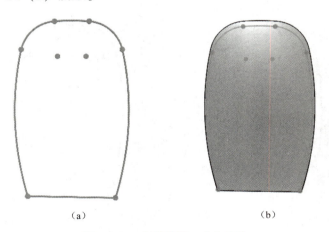

（a）　　　　　　　　　　　　　（b）

图 4 – 31　完成草图，建立实体

叶轮的逆向建模

 学习情境描述

对工业风机叶轮进行逆向建模。

学习目标

【能力目标】
掌握三维设计软件常用的建模方法，掌握扫描创建自由曲面的方法。

【知识目标】
了解由领域提取单元几何体的方法，了解拉伸和扫描创建自由曲面的方法。

【素质目标】
培养学生的社会实践能力、思维能力、独立操作能力、学习能力；通过指导学生掌握拉伸和扫描创建自由曲面的方法，培养学生创新的思维方式，立志创新强国。

 任务书

客户：深圳某科技公司。

产品：工业风机叶轮（图 5–1）。

背景：深圳某科技公司制造的工业风机出现故障，经检查，叶轮叶片破损，需要更换。为了节约成本，该公司欲将叶片批量生产，可提供叶轮一个和三维数据（".stl"）

技术要求：曲面光顺，整体精度为 0.2 mm。

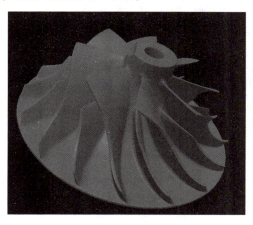

图 5–1　工业风机叶轮

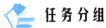

任务分组

学生任务分配见表 5 – 1。

表 5 – 1 学生任务分配

班级		组号		指导老师	
组长		学号			
组员	班级	姓名		学号	电话
任务分工					

工作准备

（1）阅读工作任务书，完成分组和组员间分工。

（2）学习 Geomagic Design X 软件的面片拟合操作。

（3）完成点云处理操作任务。

（4）进行后处理，展示作品，分组评分。

获取资讯

➤ 引导问题1：进行拉伸和回转操作时，面片草图操作有何不同？填写表 5 – 2。

表 5 – 2 实体拉伸与回转面片操作

操作	截取草图	平面投影
实体拉伸		
实体回转		

➤ 引导问题2：放样建模的操作步骤有哪些？

_____

_____

_____

_____

_____

◈ 引导问题 3：回转实体时选择回转方向的方式有 3 种，要达到图示效果，回转角度应如何输入？填写表 5 – 3。

表 5 – 3　实体拉伸与回转面片操作

回转方式	回转过程图	拉伸效果	角度输入
单侧方向			
平面中心对称			
两方向			

◈ 引导问题 4：精度分析对于检查实体、面片、草图的质量来说非常重要。在创建曲面之后，可直接检查扫描数据和所创建的曲面之间的偏差。精度分析在默认模式、面片模式以及二维/三维草图模式下均可用。在误差分析中如何检查特征明显处是否超出标准范围？

_____

_____

_____

_____

✍ **工作计划**

按照收集的资讯和决策过程，根据软件逆向建模处理步骤、后处理步骤、注意事项，完成表 5 – 4。

表 5 – 4　模型重构工作方案

步骤	工作内容	负责人
1		
2		
3		
4		
5		

工作实施

（1）选择"插入"→"导入"选项，导入叶轮".stl"格式面片文件。

（2）单击工具栏中的"领域"按钮，进入领域模式，弹出自动分割领域对话框 [图5-2（a）]，在"敏感度"框中输入"30"，完成面片的领域分割，如图5-2（b）所示。

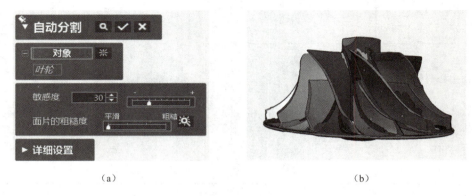

| （a） | （b） |

图5-2　领域分割

（3）选择"面片草图"命令，再选择"回转投影"命令，选取中心轴，选取"右""上"两个基准面，系统自动捕捉两平面交线为中心轴，选取"上"为基准平面，在"轮廓投影范围"框中输入"30°"，单击"确定"按钮，根据截取的粉色轮廓线绘制草图，对草图要进行尺寸约束和几何约束（图5-3）。

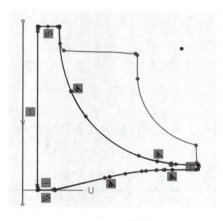

图5-3　面片草图

（4）退出"面片草图"命令，选择"回转实体"命令，选择绘制的"草图1（面片）"，选择"轮廓"→"草图环路1"选项，轴选择"上""右"两平面交线，"方法"下拉列表中选择"单侧方向"选项，在"角度"框中输入"360°"，如图5-4所示。单击"确定"按钮，即可完成回转操作。

（5）单击放样向导，选择领域较好的一个叶片进行拟合曲面，"路径"选择"平面"，"断面"选择"许可偏差"，许可偏差值为0.2 mm，单击"确定"按钮，放样较大叶片一面，用同样的方法可以放样出较大叶片的另一面，如图5-5所示。

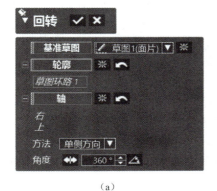

（a）　　　　　　　　　　　　　　　　　　　　（b）

图 5-4　回转实体

图 5-5　放样大叶片

（6）放样小叶片。用同样的方法，单击放样向导，选择领域较好的一个叶片进行拟合曲面，"路径"选择"平面"，"断面"选择"许可偏差"，许可偏差值为 0.2 mm，单击"确定"按钮，放样出较小叶片一面，用同样的方法可以放样出较小叶片的另一面，如图 5-6 所示。

（7）选择"面片草图"命令，再选择"回转投影"命令，选取中心轴，选取"右""上"两个基准面，系统自动捕捉两平面交线为中心轴，选取"上"为基准平面，在"轮廓投影范围"框中输入"30°"，单击"确定"按钮，根据截取的粉色轮廓线绘制草图，对草图要进行尺寸约束和几何约束（图 5-7）。

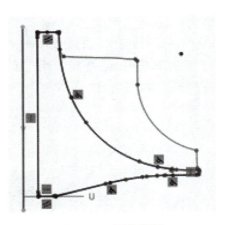

图 5-6　放样小叶片　　　　　　　　　图 5-7　面片草图

（8）退出草图，选择"回转曲面"命令，选择"轮廓"→"草图链1""草图链2"选项，单侧回转"180°"，如图5-8（a）所示，回转出一个包含大叶片放样曲面的面，如图5-8（b）所示。

（a）　　　　　　　　　　　　　　（b）

图5-8　回转曲面

（9）选择"面片草图"命令，再选择"回转投影"命令，选取中心轴，选取"右""上"两个基准面，系统自动捕捉两平面交线为中心轴，选取"上"为基准平面，在"轮廓投影范围"框中输入"10°"，在"由基准平面偏移角度"框中输入"10°"，单击"确定"按钮，根据截取的粉色轮廓线绘制草图，对草图要进行尺寸约束和几何约束（图5-9）。

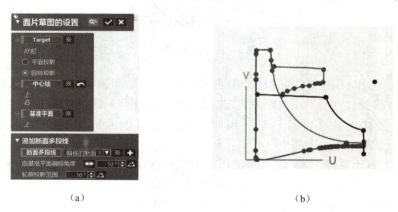

（a）　　　　　　　　　　　　　　（b）

图5-9　面片草图

（10）退出草图，选择"回转曲面"命令，选择"轮廓"→"草图链1""草图链2"选项，单侧回转"180°"，回转出一个包含小叶片放样曲面的面，如图5-10所示。

（11）隐藏其他曲面，保留叶片放样曲面，选择"延长曲面"命令，将放样的4个曲面分别延长5 mm，如图5-11所示。

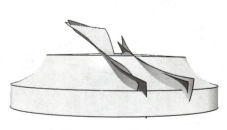

图5-10　回转曲面

图5-11　延长曲面

（12）打开回转实体，选择其外表面，选择"曲面偏移"命令，在"偏移距离"框中输入"0"，此时偏移出一个曲面，如图 5 – 12 所示。

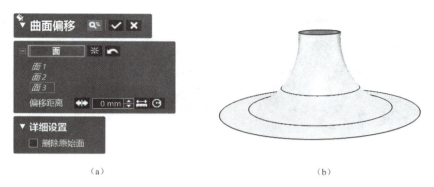

（a）　　　　　　　　　　　　　　　　（b）

图 5 – 12　曲面偏移

（13）选择"曲面修剪"命令，对大叶片拟合的曲面进行修剪，只保留叶片部分的曲面，效果如图 5 – 13 所示。修剪完后，选择"缝合"命令，将保留的多个曲面缝合，然后进行圆周阵列，阵列出多个叶片后，选择"布尔运算"命令，将修剪曲面和回转实体合并以后，大叶片转换为实体。

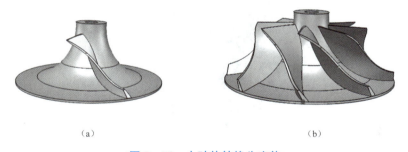

（a）　　　　　　　　　　　　　　　　（b）

图 5 – 13　大叶片转换为实体

（14）方法同上，用"曲面修剪""缝合""布尔运算"命令，将小叶片也转换为实体（图 5 – 14）。

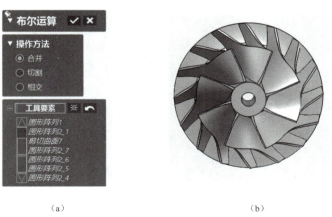

（a）　　　　　　　　　　　　　　　　（b）

图 5 – 14　小叶片转换为实体

（15）选择"基础曲面"命令，手动提取实体上方凹陷部分领域，提取圆柱曲面，然后选择"切割"命令，切割出上方圆弧面，效果如图5-15所示。

（a）

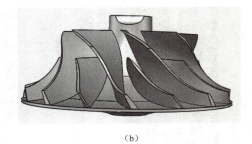
（b）

图5-15　切割实体

（16）完成各边角的倒圆操作，进行体偏差分析后，对误差较大的区域进行修改，最后将模型输出保存为".stp"格式文件。效果如图5-16所示。

图5-16　建模结果

>> 引导问题5：逆向建模的方法并非唯一，本案例中叶片的建模方法至少有3种，除了上述方法，还有什么其他方法？对比一下，哪种叶片拟合效果好？

_____

_____

_____

_____

_____

_____

_____

_____

评价反馈

各组代表展示作品，介绍任务完成过程。展示作品前应准备阐述材料，并完成表5-5~表5-8。

表5-5　学生自评表

班级		组名		日期	年 月 日
评价指标		评价内容		分数	分数评定
信息检索		能够有效地利用网络、图书资源查找有用的相关信息等；能够将查到的信息有效地传递到学习中		10	
感知工作		能够熟悉逆向工程岗位，认同工作价值；在工作中能够获得满足感		10	
参与态度		积极主动地与教师、同学交流，相互尊重、理解、平等；与教师、同学能够保持多向、丰富、适宜的信息交流		10	
		能够处理好合作学习和独立思考的关系，做到有效学习；能够提出有意义的问题或发表个人见解		10	
知识获得		1. 能正确进行叶片拟合		20	
		2. 能按要求完成逆向建模		20	
思维态度		能够发现问题、提出问题、分析问题、解决问题、创新问题		10	
自评反馈		按时按质完成工作任务；较好地掌握专业知识点；具有较强的信息分析能力和理解能力；具有较为全面严谨的思维能力并能够将所学知识条理清晰地表达成文		10	
自评分数					
有益的经验和做法					
总结反馈建议					

表5-6　组内评价表

班级		组名		日期	年 月 日
评价指标		评价内容		分数	分数评定
信息检索		能够有效地利用网络、图书资源、工作手册查找有用的相关信息等；能够用自己的语言有条理地解释、表述所学知识；能够将查到的信息有效地传递到工作中		10	
感知工作		能够熟悉工作岗位，认同工作价值；在工作中能够获得满足感		10	

续表

评价指标	评价内容	分数	分数评定
参与态度	积极主动地参与工作，吃苦耐劳，崇尚劳动光荣、技能宝贵；与教师、同学相互尊重、理解、平等；与教师、同学能够保持多向、丰富、适宜的信息交流	10	
	探究式学习、自主学习不流于形式，能够处理好合作学习和独立思考的关系，做到有效学习；能够提出有意义的问题或发表个人见解；能够按要求正确操作；能够倾听他人的意见，与他人协作共享	10	
学习方法	学习方法得体，有工作计划；操作符合规范要求；能够获得进一步学习的能力	10	
工作过程	遵守管理规程，操作过程符合现场管理要求；平时上课的出勤情况和每天完成工作任务情况良好；善于多角度分析问题，能够主动发现、提出有价值的问题	15	
思维态度	能够发现问题、提出问题、分析问题、解决问题、创新问题	10	
自评反馈	按时按质完成工作任务；较好地掌握专业知识点；具有较强的信息分析能力和理解能力；具有较为全面严谨的思维能力并能够将所学知识条理清晰地表达成文	25	
小组自评分数			
有益的经验和做法			
总结反馈建议			

表 5－7　组间互评表

班级		组名		日期	年 月 日
评价指标	评价内容			分数	分数评定
信息检索	该组能够有效地利用网络、图书资源、工作手册查找有用的相关信息等			5	
	该组能够用自己的语言有条理地解释、表述所学知识			5	
	该组能够将查到的信息有效地传递到工作中			5	
感知工作	该组能够熟悉工作岗位，认同工作价值			5	
	该组成员在工作中能够获得满足感			5	

续表

评价指标	评价内容	分数	分数评定
参与态度	该组与教师、同学相互尊重、理解、平等	5	
	该组与教师、同学能够保持多向、丰富、适宜的信息交流	5	
	该组能够处理好合作学习和独立思考的关系，做到有效学习	5	
	该组能够提出有意义的问题或发表个人见解；能够按要求正确操作；能够倾听他人的意见，与他人协作共享	5	
	该组能够积极参与，在产品加工过程中不断学习，综合运用信息技术的能力得到提高	5	
学习方法	该组的工作计划、操作过程符合现场管理要求	5	
	该组获得了进一步发展的能力	5	
工作过程	该组遵守管理规程，操作过程符合现场管理要求	5	
	该组成员平时上课的出勤情况和每天完成工作任务情况良好	5	
	该组成员能够加工出合格工件，并善于多角度分析问题，能够主动发现、提出有价值的问题	15	
思维态度	该组能够发现问题、提出问题、分析问题、解决问题、创新问题	5	
自评反馈	该组能够严肃认真地对待自评，并能够独立完成自测试题	10	
互评分数			
简要评述			

表 5 – 8　教师评价表

班级		组名		姓名	
出勤情况					
序号	评价内容	评价要点	考察要点	分数	分数评定标准	得分

序号	评价内容	评价要点	考察要点	分数	分数评定标准	得分
1	任务描述、接受任务	口诉任务内容细节	1. 表达自然、吐字清晰	2	表达不自然或吐字不清晰扣1分	
			2. 表达思路清晰、准确		表达思路不清晰、不准确扣1分	

续表

序号	评价内容	评价要点	考察要点	分数	分数评定标准	得分
2	任务分析、分组情况	依据任务内容分组分工	1. 分析建模步骤关键点准确	3	分析建模步骤关键点不准确扣1分	
			2. 理论知识回顾完整、分组分工明确		理论知识回顾不完整扣1分，分组分工不明确扣1分	
		制定逆向建模工艺计划	逆向建模工艺计划完整	20	逆向建模工艺计划不完整，错一步扣2分	
3	计划实施	逆向建模前准备	工具准备就绪	15	每漏一项扣1分	
		逆向建模过程	1. 正确拟合面片	30	不能正确拟合面片扣5分	
			2. 正确完成逆向建模步骤		不能正确完成逆向建模的一个步骤扣5分	
		现场恢复	在操作过程中遵循"6S""三不落地"原则	15	每漏一项扣1分，扣完为止	
4	总结	任务总结	1. 依据自评分数	2	—	
			2. 依据互评分数	3	—	
			3. 依据个人总结评价报告	10	依据总结内容是否到位给分	
合计				100		

 学习情境相关知识点

5.1 面片拟合

面片拟合是根据面片运用拟合运算来创建曲面。

领域组划分完后，选择"模型"→"面片拟合" 命令，弹出"面片拟合"对话框，在"领域/单元面"下选择要拟合的曲面领域，在"分辨率"下拉列表中选择"控制点数"选项，分别输入"U控制点数"和"V控制点数"的具体数值，在"拟合选项"下，调整"平滑"数值，如图5-17所示，在"详细设置"下勾选"U-V轴控制"复选框。

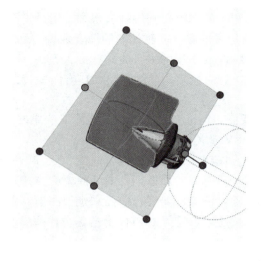

（a）　　　　　　　　　　　　　　　　（b）

图 5 - 17　切割实体

完成上面的设置步骤后，单击"下一步"按钮进入第二阶段，单击"精度分析"→"偏差"按钮查看曲面的精度，如图 5 - 18 所示。精度在公差范围内，边界点变形程度小，即可单击。反之，则需要选择"变形的控制程度""修复边界点"命令，然后选择合适的网格密度，以调整网格的边界点，同时再次单击"下一步"按钮进入第三阶段，重新设置机械臂调整等距线。

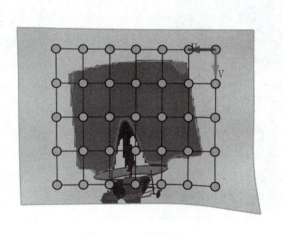

图 5 - 18　曲面精度

1. 面片拟合中第一阶段的主要命令

（1）分辨率：可以控制拟合曲面的整体精度和平滑度。"分辨率"下拉列表中有"允许偏差""控制点数"选项。

①允许偏差：在面片与拟合曲面间偏差之内设置拟合曲面的分辨率。如果偏差对于拟合曲面来说是最重要标准，则可使用此选项。

②控制点数：设置 U、V 方向上的控制点数，可以控制拟合曲面的分辨率。如果将控制点数设置为很大的数值，则偏差会很小，但是平滑度也会低。

（2）面片再采样：创建规则的拟合曲面等距线。此功能可能会在使用复杂形状或多个领域时产生扭曲或不当的拟合曲面。

（3）U－V 轴控制：红色的控制 U 方向旋转，绿色的控制 V 方向旋转，手柄可以旋转拟合区域。

（4）延长：延长拟合区域，该功能下的主要选项下有"线形""曲率""同曲面""U延长比率""V延长比率"。

①线形：以线形延长原始拟合曲面。

②曲率：通过保持原始拟合曲面曲率的方式延长曲面。

③同曲面：镜像原始拟合曲面来延长曲面。

④U 延长比率：设置 U 方向上的延长比率。

⑤V 延长比率：设置 V 方向上的延长率。

2. 面片拟合中第二阶段的主要命令

操纵器：通过控制网格边界点来控制等距线的流线性，决定了拟合曲面的品质，如图 5－19、图 5－20 所示。

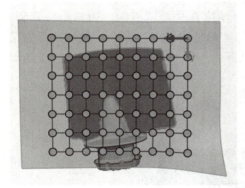

图 5－19　操控器（一）

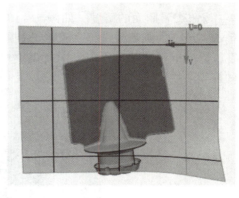

图 5－20　操控器（二）

（1）变形的控制程度：逐个修改控制点。按住 Alt 键并使用鼠标左键拖动，可以扩大或缩小编辑区域。

（2）修复边界点：防止移动边界时移动控制点。

3. 面片拟合中第三阶段的主要命令

（1）等距线：移动、追加、删除等距线以提高曲面品质和拟合精度。

（2）移动：选择等距线后直接拖动。

（3）追加：按下 Ctrl 键拖动等距线便可添加。

（4）删除：选择等距线后按 Delete 键完成删除。

注意：控制网格密度与等距线数量无关。等距线数量是在第一阶段中由"分辨率"选项控制的，但是通过控制网格密度可以控制等距线的流线性。

5.2　曲面编辑

1. 曲面偏移

曲面偏移是根据所选曲面或实体创建新的偏移曲面或实体。所选曲面从父曲面偏移用户定义的距离，但仍然保留原始父曲面形状。

首先选中被偏移的曲面，选择工具栏中的"曲面偏移"命令 ，弹出"偏移"对话框，选中要偏移的曲面，在"偏移距离"框中输入某一数值，单击"确定"按钮即可偏移出曲面，如图 5-21 所示。

图 5-21　曲面偏移

2. 面填补

"面填补"命令可以利用由边线、草图、曲线定义的任意数量的境界来创建曲面补丁或参照面片拟合曲面。

选择工具栏中的"面填补"命令 ，弹出"面填补"对话框，在"边线"下选中填补的边线后，单击"确定"按钮，即可实现面填补，如图 5-22 所示。

图 5-22　面填补

3. 延长曲面

延长曲面是通过曲面的边线或面来延长境界。选择工具栏中的"延长曲面"命令 ，弹出"延长"对话框，在"边线/面"下选取需要延长的边线或曲面，"终止条件"为"距离""到点"或"到体/领域"，延长方法可选择显性、曲率或同曲面，效果如图 5-23 所示。

图 5-23　延长曲面

"终止条件"下的 3 种方式如下。

（1）距离：设置延长距离。

（2）到点：选择最终位置的点，如图 5 – 24（a）所示。

（3）到体/领域：选择一个面或领域，延长的最终位置会被所选的体或领域剪切，如图 5 – 24（b）所示。

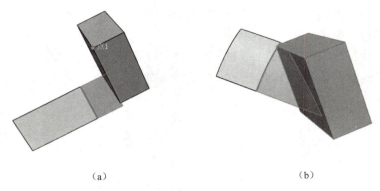

（a） （b）

图 5 – 24　终止条件

"延长方式"下的 3 种方式如下。

（1）线形：线形延长原始拟合曲面，如图 5 – 25（a）所示。

（2）曲率：以保持原始拟合曲面曲率的方式延长曲面，如图 5 – 25（b）所示。

（3）曲率：以保持原始拟合曲面曲率的方式延长曲面，如图 5 – 25（c）所示。

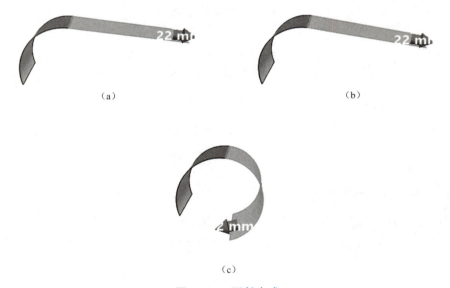

（a） （b）

（c）

图 5 – 25　延长方式

4. 剪切曲面

剪切曲面操作是用曲面、参照平面、实体、曲线剪切曲面。

剪切曲面的方法与剪切实体相似，可参照剪切实体的方法。选择工具栏中的"剪切"命令◈，弹出"剪切曲面"对话框，在"工具要素"下选择剪切工具曲面，在"对象体"下选择被剪切对象，单击"下一步"按钮，手动选择残留体，带有颜色的曲面为剪切后将要留下的曲面，单击"确定"按钮，即可完成剪切曲面操作，如图 5 – 26 所示。

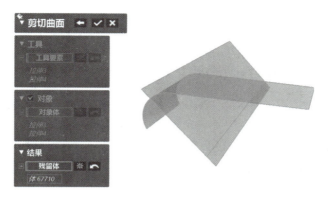

图 5 – 26　剪切曲面

5. 反剪切

"反剪切"命令可以延长曲面境界，并将其恢复至未剪切的状态。

选择工具栏中的"反剪切"命令 ，弹出"反剪切"对话框，在"要素"下选择"面 1"选项，恢复至未剪切的状态，如图 5 – 27 所示。

图 5 – 27　反剪切

6. 缝合

缝合曲面操作是指通过缝合境界将两个或多个曲面结合为一个曲面。必须首先使待缝合曲面相邻边在一条直线上。缝合后变为一个曲面体，如曲面围成封闭图形，则曲面体直接转变为实体。

选择工具栏中的"缝合"命令 ，弹出"缝合"对话框，在"曲面体"下选取所有要缝合的面，如图 5 – 28 所示，单击"确定"按钮后其直接转变为实体。

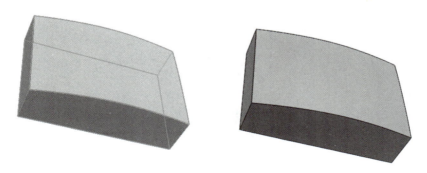

图 5 – 28　缝合后转变为实体

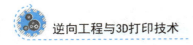
7. 反转法线方向

反转法线方向是反转面的法线方向。

在工具栏中选择"反转法线方向"命令，弹出"反转法线方向"对话框，在"曲面体"下选取所有要反转法线方向的面，单击"确定"按钮，完成效果如图 5 – 29 所示。

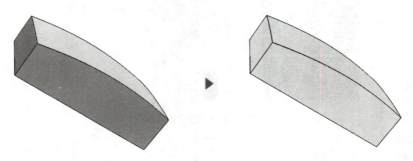

图 5 – 29　反转法线方向

门把手的逆向建模

 **学习情境描述**

完成门把手的逆向建模。

学习目标

【知识目标】

掌握门把手逆向建模的基本步骤；能说出面片草图、拉伸、布尔运算、放样等功能的使用步骤。

【能力目标】

能完成门把手的基本建模操作；会根据不同的模型使用面片草图、拉伸、3D草图、布尔运算、放样等方法。

【素质目标】

培养学生遵守职业规范、职业道德、职业纪律的综合素质；培养学生的自主学习能力；培养学生独立解决问题的能力；培养学生的团队合作精神。

任务书

客户：宜宾某五金公司。

产品：家用门把手（图6-1）。

背景：宜宾某五金公司多年前制造的家用门把手破损，需更换，但原有生产信息已丢失，现该公司欲对此种家用门把手进行还原制造，可提供表面损坏的门把手一个和三维数据（".stl"格式文件）。

技术要求：曲面光顺，整体精度为0.2 mm。

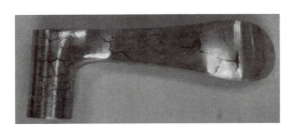

图6-1　家用门把手

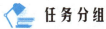

任务分组

学生任务分配见表6-1。

表6-1　学生任务分配

班级		组号		指导老师	
组长		学号			
组员	班级	姓名		学号	电话
任务分工					

工作准备

（1）阅读工作任务书，完成分组和组员间分工。

（2）学习 Geomagic Design X 软件的面片草图、面片拟合、放样与3D草图操作。

（3）完成点云处理操作任务。

（4）进行后处理，展示作品，分组评分。

获取资讯

➤➤ 引导问题1：为什么要追加线与面？如何追加线与面？填写表6-2。

表6-2　追加线与面操作

操作	截取示意图	操作要点
追加线		
追加面		

➤➤ 引导问题2：在进行面片草图操作时如何定位？步骤有哪些？

_____

_____

_____

➤ 引导问题 3：门把手拇指形外轮廓能以整体面片拟合实现吗？为什么？如何通过放样与面片拟合的结合来实现该操作？截图说明操作方法。

_____

_____

_____

_____

➤ 引导问题 4：圆柱筒体与拇指形外轮廓结合处的过渡曲面如何通过放样操作得到？截图说明操作方法。

_____

_____

_____

_____

➤ 引导问题 5（精度分析）：截图说明在误差分析中如何判断特征明显处是否超出标准范围。

_____

_____

_____

_____

工作计划

按照收集的资讯和决策过程，根据软件逆向建模处理步骤、后处理步骤、注意事项，完成表 6 - 3。

表 6 - 3　模型重构工作方案

步骤	工作内容	负责人
1		
2		
3		
4		
5		

工作实施

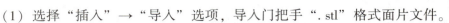

（1）选择"插入"→"导入"选项，导入门把手".stl"格式面片文件。

（2）单击 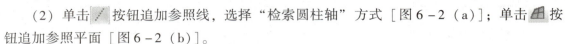 按钮追加参照线，选择"检索圆柱轴"方式［图6-2（a）］；单击 按钮追加参照平面［图6-2（b）］。

（a）

（b）

图6-2　追加参照线与参照平面

（a）追加参照线；（b）追加参照平面

（3）分割领域。选择"领域"命令，进行自动分割（图6-3）。

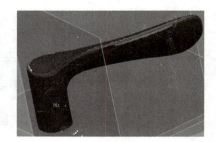

图6-3　分割领域

（4）面片草图。单击"面片草图"按钮 ，以平面1为基准平面投影出断面多段线（图6-4），并通过"自动草图""智能尺寸"和约束条件完成圆的绘制。

（5）片体拉伸。对生成的面片草图圆进行拉伸，生成筒体（图6-5、图6-6）。

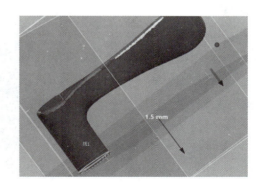

图 6 – 4 投影断面多段线

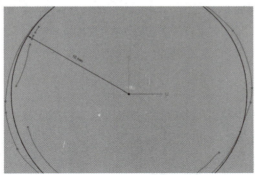

图 6 – 5 完成拉伸圆的面片草图绘制

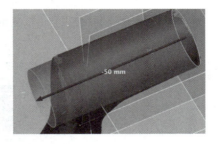

图 6 – 6 拉伸筒体

（6）对筒顶区领域进行面片拟合（图6-7），并通过"剪切曲面"命令完成筒体的曲面构建（图6-8）。

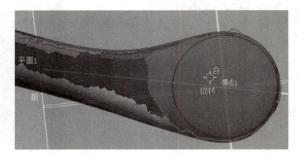

图6-7　筒顶区领域面片拟合

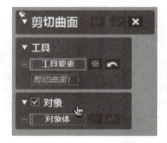

图6-8　完成筒体的曲面构建

（7）门把手拇指形外轮廓腹部区领域曲面构建。利用"面片拟合""剪切曲面"等命令对拇指形外轮廓腹部区领域曲面进行初步的构建（图6-9）。

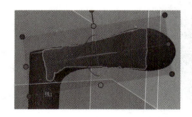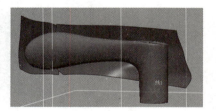

图6-9　拇指形外轮廓腹部区领域曲面初步构建

（8）门把手拇指形外轮廓背部区领域曲面构建。与（7）同理，利用"面片拟合""剪切曲面"等命令对拇指形外轮廓背部区领域曲面进行构建（图6-10）。

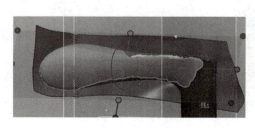

图6-10　拇指形外轮廓背部区领域曲面初步构建

（9）拇指形外轮廓腹部两面片拟合交接区域［图6-11（a）］的放样处理。在接合处适当位置追加参照平面并且进入草图模式，编辑［图6-11（b）］所示的草图；选择草绘的两根直线，拉伸出两个曲面［图6-11（c）］，并通过"剪切曲面"命令完成交接处的修剪［图6-11（d）］。

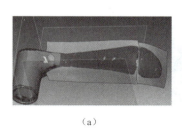

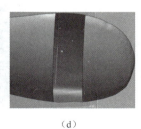

（a） （b） （c） （d）

图6-11 拉伸曲面并修剪

通过"放样"命令，完成交接处的圆润过渡（图6-12）。

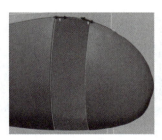

图6-12 通过"放样"命令完成交接处的圆润过渡

（10）侧面轮廓曲面的构建。

①缝合所有曲面。

②创建面片草图：以最开始时所追加的参照面为基面创建面片草图（图6-13）。

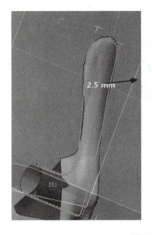
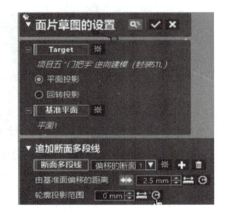

图6-13 创建面片草图

③完成面片草图（图6-14）。

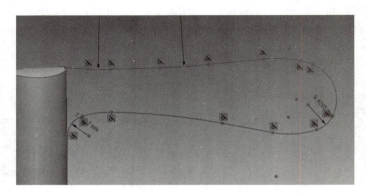

图6-14　面片草图

④拉伸，如图6-15所示。

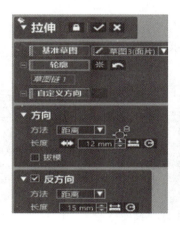

图6-15　拉伸

⑤通过"剪切曲面"命令完成侧面的曲面构建（图6-16）。

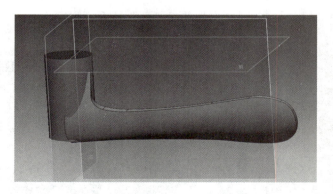

图6-16　完成拇指形外轮廓主体曲面的构建

（11）筒体与拇指形外轮廓曲面连接过渡曲面的构建。

①以上平面为基准平面，在图下位置画一条直线［图6-17（a）］，完成后进行曲面拉

伸，以拉伸后的曲面对把手部位进行剪切，留下规则的部分［图 6 – 17（b）］。

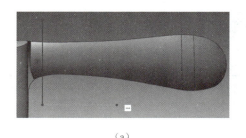

（a）

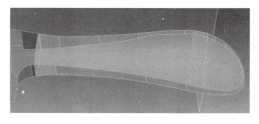

（b）

图 6 – 17　曲面剪切

②选择"3D 草图"命令，使用"样条曲线"功能，在拉伸圆柱上绘制图 6 – 18 所示的一条三维线，将与把手连接的部分裁剪掉。

③双击 3D 草图特征，选择分割功能，将三维曲线沿着对应的拇指形外轮廓基体角边线进行分割。

④放样，将把手与圆柱光滑地连接起来（图 6 – 19）。

图 6 – 18　三维样条剪切

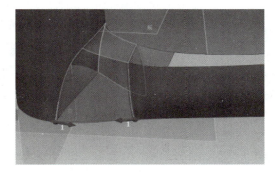

图 6 – 19　曲面放样光滑连接

⑤将完成后的模型进行倒角，并进行精度偏差分析，完成该操作（图 6 – 20）。

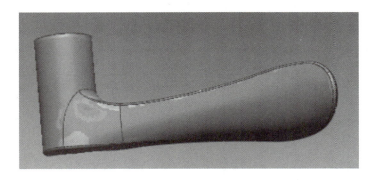

图 6 – 20　逆向建模结果

◎ 引导问题 6：解决问题的方法并非唯一，本案例中筒体与拇指形外轮廓接合过渡处除上述用"3D 草图"命令进行分割外，还可通过追加平台再在其上做草图来分割，想想还有什么其他方法？对比一下，哪种方法更简便实用？

_____

_____

_____

_____

评价反馈

各组代表展示作品，介绍任务完成过程。展示作品前应准备阐述材料，并完成表 6 – 4 ～ 表 6 – 7。

表 6 – 4　学生自评表

班级		组名		日期	年 月 日
评价指标	评价内容			分数	分数评定
信息检索	能够有效地利用网络、图书资源查找有用的相关信息等；能够将查到的信息有效地传递到学习中			10	
感知课堂生活	能够熟悉逆向工程岗位，认同工作价值；在学习中能够获得满足感			10	
参与态度	积极主动地与教师、同学交流，相互尊重、理解、平等；与教师、同学能够保持多向、丰富、适宜的信息交流			10	
	能够处理好合作学习和独立思考的关系，做到有效学习；能够提出有意义的问题或发表个人见解			10	
知识获得	1. 能够正确进行叶片拟合			20	
	2. 能够按要求完成逆向建模			20	
思维态度	能够发现问题、提出问题、分析问题、解决问题、创新问题			10	
自评反馈	按时按质完成工作任务；较好地掌握知识点；具有较强的信息分析能力和理解能力；具有较为全面严谨的思维能力并能够将所学知识条理清晰地表达成文			10	
自评分数					
有益的经验和做法					
总结反馈建议					

表6-5 组内评价表

班级		组名		日期	年 月 日
评价指标	评价内容			分数	分数评定
信息检索	能够有效地利用网络、图书资源、工作手册查找有用的相关信息等；能够用自己的语言有条理地解释、表述所学知识；能够将查到的信息有效地传递到工作中			10	
感知工作	能够熟悉工作岗位，认同工作价值；在工作中能够获得满足感			10	
参与态度	积极主动地参与工作，吃苦耐劳，崇尚劳动光荣、技能宝贵；与教师、同学相互尊重、理解、平等；与教师、同学之间保持多向、丰富、适宜的信息交流			10	
	探究式学习、自主学习不流于形式，能够处理好合作学习和独立思考的关系，做到有效学习；能够提出有意义的问题或发表个人见解；能够按要求正确操作；能够倾听他人的意见，与他人协作共享			10	
学习方法	学习方法得体，有工作计划；操作符合规范要求；能够获得进一步学习的能力			10	
工作过程	遵守管理规程，操作过程符合现场管理要求；平时上课的出勤情况和每天完成工作任务情况良好；善于多角度分析问题，能够主动发现、提出有价值的问题			15	
思维态度	能够发现问题、提出问题、分析问题、解决问题、创新问题			10	
自评反馈	按时按质完成工作任务；较好地掌握专业知识点；具有较强的信息分析能力和理解能力；具有较为全面严谨的思维能力并能够将所学知识条理清晰地表达成文			25	
小组自评分数					
有益的经验和做法					
总结反馈建议					

表6-6 组间互评表

班级		组名		日期	年 月 日
评价指标	评价内容			分数	分数评定
信息检索	该组能够有效地利用网络、图书资源、工作手册查找有用的相关信息等			5	
	该组能够用自己的语言有条理地解释、表述所学知识			5	
	该组能够将查到的信息有效地传递到工作中			5	

续表

评价指标	评价内容	分数	分数评定
感知工作	该组能够熟悉工作岗位，认同工作价值	5	
	该组成员在工作中能够获得满足感	5	
参与态度	该组与教师、同学相互尊重、理解、平等	5	
	该组与教师、同学能够保持多向、丰富、适宜的信息交流	5	
	该组能够处理好合作学习和独立思考的关系，做到有效学习	5	
	该组能够提出有意义的问题或发表个人见解；能够按要求正确操作；能够倾听他人的意见，与他人协作共享	5	
	该组能够积极参与，在产品加工过程中不断学习，综合运用信息技术的能力得到提高	5	
学习方法	该组的工作计划、操作过程符合现场管理要求	5	
	该组获得了进一步发展的能力	5	
工作过程	该组遵守管理规程，操作过程符合现场管理要求	5	
	该组成员平时上课的出勤情况和每天完成工作任务情况良好	5	
	该组成员能够加工出合格工件，并善于多角度分析问题，能够主动发现、提出有价值的问题	15	
思维态度	该组能够发现问题、提出问题、分析问题、解决问题、创新问题	5	
自评反馈	该组能够严肃认真地对待自评，并能够独立完成自测试题	10	
互评分数			
简要评述			

表 6−7　教师评价表

班级			组名		姓名		
出勤情况							
序号	评价内容	评价要点	考察要点	分数	分数评定标准		得分
1	任务描述、接受任务	口诉任务内容细节	1. 表达自然、吐字清晰	2	表达不自然或吐字不清晰扣1分		
			2. 表达思路清晰、准确		表达思路不清晰、不准确扣1分		

续表

序号	评价内容	评价要点	考察要点	分数	分数评定标准	得分
2	任务分析、分组情况	依据任务内容分组分工	1. 分析建模步骤关键点准确	3	分析建模步骤关键点不准确扣1分	
			2. 理论知识回顾完整、分组分工明确		理论知识回顾不完整扣1分，分组分工不明确扣1分	
		制定逆向建模工艺计划	逆向建模工艺计划完整	20	逆向建模工艺计划不完整，错一步扣2分	
3	计划实施	建模前准备	工具准备就绪	15	每漏一项扣1分	
		建模过程	1. 正确拟合把手区域	30	不能正确拟合把手扣5分	
			2. 正确完成逆向建模步骤		不能正确完成逆向建模的一个步骤扣5分	
		现场恢复	在操作过程中遵循"6S""三不落地"原则	15	每漏一项扣1分，扣完为止	
4	总结	任务总结	1. 依据自评分数	2	—	
			2. 依据互评分数	3	—	
			3. 依据个人总结评价报告	10	依据总结内容是否到位给分	
合计				100		

 学习情境相关知识点

6.1　曲面拉伸

拉伸曲面特征是将轮廓曲线沿截面所在某矢量进行运动而形成的曲面，拉伸对象就是该截面轮廓曲线。拉伸曲面只应用于"面片草图"模式和"草图"模式下绘制的轮廓曲线。

在"面片草图"下绘制草图后，选择创建曲面工具栏中的"拉伸"命令 ⬆，弹出"拉伸"对话框，在"基准草图"下选择"草图1（面片）"选项，在"轮廓"下选择"草图1（面片）"→"草图环路1"选项，拉伸方向默认为基准草图的法线方向，在"方向"下"方法"为"到距离"，反方向采用同样的方法，如图6-21所示。

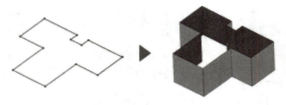

图 6 – 21　曲面拉伸

　　在创建拉伸曲面特征时，轮廓线可以是封闭的，也可以是不封闭的。拉伸曲面的方法与拉伸实体相似，可参照拉伸实体的方法操作。

　　距离：拉伸从轮廓截面开始算起，沿箭头指定方向拉伸的距离。

　　通过：沿着拉伸方向，穿过其他实体的拉伸高度。

　　到顶点：在拉伸方向上选取某一个线或体上的点作为拉伸终点。

　　到领域：沿着拉伸方向，在面片上选择一个领域作为拉伸终点。

　　到曲面：在拉伸方向上选取某一个面作为拉伸终点。

　　到体：在拉伸方向上选取某一个实体的面作为拉伸终点。

　　平面中心对称：输入拉伸距离，利用草图拉伸出对称的实体。

6.2　曲面回转

　　"回转曲面"命令 ⬙ 是将轮廓草图沿着指定的中心轴线旋转一定角度形成曲面，一般用于创建轴对称的曲面。它只应用于"面片草图"模式和"草图"模式下绘制的轮廓曲线。

　　在创建回转曲面特征时，轮廓线可以是封闭的，也可以是不封闭的。回转曲面的方法与回转实体相似，可参照创建回转实体的方法，如图 6 – 22 所示。

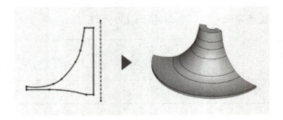

图 6 – 22　曲面回转

6.3　曲面扫描

　　扫描曲面操作是将封闭的轮廓草图沿着指定的路径进行运动形成曲面，如图 6 – 23 所示。

图 6 – 23　曲面扫描

绘制草图后，选择创建曲面工具栏中的"曲面扫描"命令 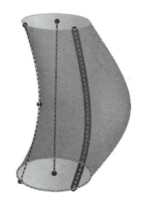，弹出"扫描"对话框，在"轮廓"下选择对应的草图环路，在"路径"下选择需要的草图链，在"方法"下选择对应的扫描方式，在"向导曲线"下选择对应的草图链，如有多个曲面，可以在"结果运算"下使用"剪切""合并"命令。

在"扫描"对话框的"方法"下有 6 种扫描的方式。

（1）沿路径：路径和轮廓扫描保持一样的角度，如图 6 – 24 所示。

（2）维持固定的法线方向：起始的端面与结束端面平行，如图 6 – 25 所示。

图 6 – 24　沿路径

图 6 – 25　曲面回转

（3）沿最初的向导曲线和路径：路径为脊线，向导曲线控制曲面外形，如图 6 – 26 所示。

（4）沿第 1 条和第 2 条向导曲线：两条向导曲线控制曲面外形，如图 6 – 27 所示。

图 6 – 26　沿最初的向导曲线和路径

图 6 – 27　沿第 1 条和第 2 条向导曲线

（5）沿路径扭转：轮廓沿着路径以一定的角度扭转，需制定扭转角度，如图 6 – 28 所示。

（6）在一定法线上沿路径扭转：轮廓沿着路径，在法线上以一定的角度扭转，如图 6 – 29 所示。

6.4　曲面放样

放样曲面是将两个或两个以上的轮廓草图、边线连接起来形成曲面，可以通过向导曲线控制放样曲面的形状，在首尾添加约束。在创建放样曲面特征时，轮廓线必须是不封闭的。放样曲面的方法与放样实体相似，可参照放样实体的方法操作，如图 6 – 30 所示。

图 6-28　沿路径扭转　　　　　图 6-29　在一定法线上沿路径扭转

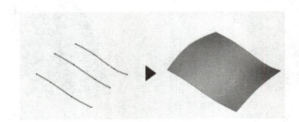

图 6-30　曲面放样

车用吸尘器的逆向建模

 学习情境描述

车用吸尘器的逆向建模为"2018年全国职业院校技能大赛"高职组工业产品数字化设计与制造赛项。

 **学习目标**

【知识目标】

掌握车用吸尘器逆向建模的基本步骤；能说出面片拟合、布尔运算等功能的使用步骤。

【能力目标】

能完成车用吸尘器机身的基本建模操作。

【素质目标】

通过引入面片编辑建模和领域组分割分析方法，树立整体与部分相辅相成的哲学观点和分析方法；培养学生的动手能力、设计能力、社会实践能力、思维能力、独立解决问题的能力；培养学生的团队合作精神。

任务书

江苏省某公司生产的车用吸尘器外观时尚，做工精湛，随车携带方便。使用时将吸尘器的电源插头插入汽车点烟器插座，打开吸尘器电源开关，即可操作使用。当清除缝隙中的异物时，可以套上附带的鸭嘴短管，吸力强劲，清洁效果好，广泛用于汽车、游船等的除尘。

由于产品销路较好，产品注塑模具已经开始磨损，产品质量受到影响。模具需要更新，产品需要升级。该公司在进一步扩大生产前对产品进行了市场调研，经过调研所收集的用户意见主要集中于以下几个方面。

（1）产品电源导线虽然长达3 m，但是在后备箱使用时不方便，只能使用点烟器接口，产品没有内置电池，不能移动使用。

（2）产品为 OEM 代工，淘宝网站也有类似的产品销售，不利于产品的知识产权保护。

（3）虽然产品附有鸭嘴短管，可以用于清除车内夹角及缝隙中的灰尘杂物，但由于产品结构的原因，鸭嘴短管开口较大，在小缝隙处不能使用，鸭嘴短管为硬塑料管，无法弯曲，不能深入内部进行吸尘。

（4）吸尘器不可以吸水，对于洒在车内的水或者饮料无法处理。

图7-1所示为市场销售的车用吸尘器产品，该产品由电动机仓体（图7-2）、集尘器仓体、鸭嘴短管、可拆卸滤网等组成。

图 7 – 1 某款车用吸尘器产品

图 7 – 2 车用吸尘器电动机仓体

任务分组

学生任务分配见表 7 – 1。

表 7 – 1 学生任务分配

班级		组号		指导老师	
组长		学号			
组员	班级	姓名		学号	电话
任务分工					

工作准备

（1）阅读工作任务书，完成分组和组员间分工。

（2）学习 Geomagic Design X 软件的面片拟合操作。

（3）完成车用吸尘器逆向建模操作任务。

（4）进行后处理，展示作品，分组评分。

🌀 获取资讯

» 引导问题 1：追加平面的方法有哪些？写出几种常用的追加平面方法的操作步骤。

_____

_____

_____

_____

» 引导问题 2（布尔运算）：布尔运算是通过合并、剪切或交差方式创建新的实体。写出图 7-3 所示图形是哪种布尔运算的结果，在对应图形处填上数字。

（1）合并：两个或多个实体合并成一个实体。

（2）剪切：从一个实体中减去另一个或多个实体的体积。

（3）交差：创建一个实体，包含两个或多个实体的公用体积。

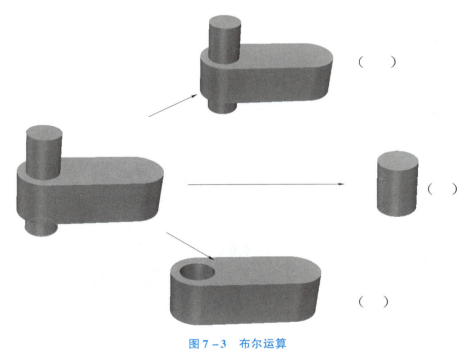

图 7-3　布尔运算

» 引导问题 3："剪切"命令的操作步骤是什么？

_____

_____

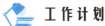 **工 作 计 划**

按照收集的资讯和决策过程，根据软件逆向建模处理步骤、后处理步骤、注意事项，完成表 7－2。

表 7－2　模型重构工作方案

步骤	工作内容	负责人
1		
2		
3		
4		
5		

 **工 作 实 施**

（1）选择"插入"→"导入"选项，导入车用吸尘器".stl"格式面片文件。

（2）由于导入的面片没有对齐，所以需要进行手动对齐，选择"追加平面"命令，用绘制直线的方式绘制一个平面，然后继续追加平面，"要素"选择"平面1"，为车用吸尘器绘制对称平面（平面2），如图 7－4 所示。

（a）

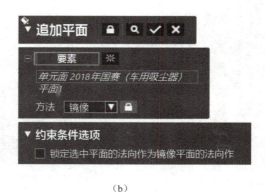

（b）

图 7－4　绘制对称平面

（3）选择"面片草图"命令，选择"平面投影"选项，选取"平面2"为基准面，其余默认，单击"确定"按钮进入草图，绘制图 7－5 所示两条相互垂直的直线，退出草图，拉伸两直线形成平面，然后以这两个平面为基准，进行"X－Y－Z对齐"，具体操作如图 7－5、图 7－6 所示。

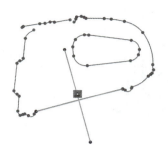

图 7-5 面片草图

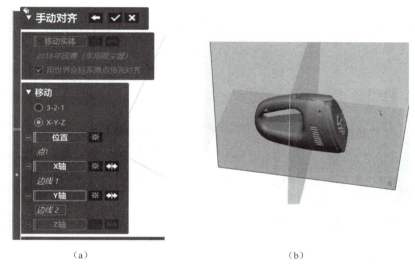

（a） （b）

图 7-6 对齐操作

（4）划分领域。用画笔工具进行领域划分，效果如图 7-7 所示，然后选择"面片拟合"命令，选中绘制的领域进行拟合，拟合后观察效果，如果不合适，可对划分的领域进行修改，直到满意为止。

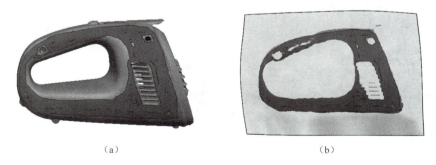

（a） （b）

图 7-7 机身面片拟合

（5）用画笔工具绘制提手部分的 4 个领域，如图 7-8 所示，然后选择"面片拟合"命令拟合出 4 个面片。选择"延长曲面"命令，选中 4 个面片，将其延长至两两相交。

（a）　　　　　　　　　　　　　　（b）

图7-8　拟合提手部分面片

（6）选择"剪切曲面"命令，选中要修剪的曲面，将其按步骤剪切，留下需要的部分，效果如图7-9所示。

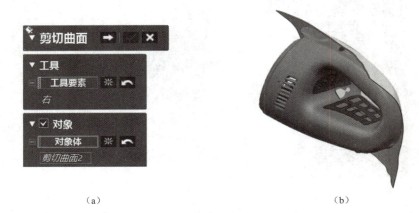

（a）　　　　　　　　　　　　　　（b）

图7-9　剪切曲面

（7）选择"圆角"命令，选择"固定圆角"，分别选中要倒圆角的边线，输入半径值，进行倒圆角操作（图7-10）。

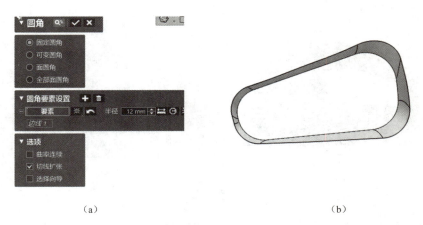

（a）　　　　　　　　　　　　　　（b）

图7-10　固定圆角

（8）选择"延长曲面"命令，选择"边线2"~"边线7"，选择终止条件，在"距离"

单选按钮后的框中输入"10 mm"，"延长方法"选择"同曲面"，单击"确定"按钮，圆角后手柄部分曲面实现延长，如图7-11所示。

（a）　　　　　　　　　　　　　　　　　　　（b）

图7-11　延长曲面

（9）选择"剪切曲面"命令，"工具要素"选择"圆角4（恒定）"，"对象体"选择"面片拟合1"，单击"下一步"按钮，选择结果体后，单击"确定"按钮。重复上述步骤，工具要素对象体互换，选择结果体，单击"确定"按钮，效果如图7-12所示。

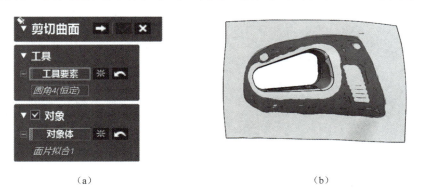

（a）　　　　　　　　　　　　　　　　　　　（b）

图7-12　剪切曲面

（10）选择"面片草片"命令，选择"右"为基准平面，其余选择默认，进入草图绘制界面，根据截取的粉色轮廓线绘制草图，对草图要进行尺寸约束和几何约束（图7-13）。

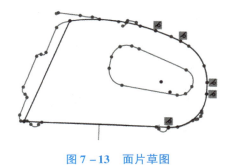

图7-13　面片草图

（11）单击退出草图，选择"模型"菜单中的"拉伸"命令，选择"基准草图"→"草图2（面片）"选项，"轮廓"选择"草图链1"，在"方法"下拉列表中选择"距离"选项，在"长度"框中输入"71.5 mm"，单击"确定"按钮，拉伸出一个片面，选择"剪切曲面"命令，剪切出需要的曲面（图7-14）。

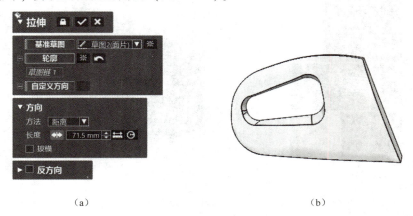

（a） （b）

图7-14 剪切机身曲面

（12）选择"缝合"命令，将3个面片缝合后，选择"圆角"命令，选择"可变圆角"，完成机身倒圆角。用同样的方法，完成外侧倒圆角，如图7-15所示。

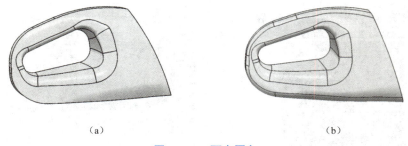

（a） （b）

图7-15 可变圆角

（13）选择"面片草图"命令，选择机身前面为基准面，由基准面偏移"2 mm"，单击"确认"按钮后，绘制图7-16所示面片草图，绘制拉伸领域，选择"拉伸"命令，"方法"选择拉伸到"领域"，输入拔模角度，完成拉伸。用同样的方法，完成圆柱拉伸，如图7-16所示。选择"布尔运算"命令，将完成的实体合并。

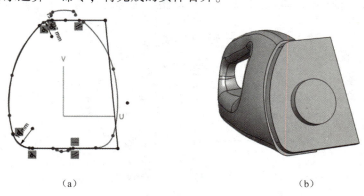

（a） （b）

图7-16 拉伸

（14）选择"平面"命令，手动提取平面4，以提取的平面切割出机身的一半，然后选择"壳体"命令，切割出上方圆弧面，如图7－17所示。

（a）　　　　　　　　　　　　　　　　　　　（b）

图7－17　完成壳体

（15）选择"面片草图"命令，完成栅格处草图绘制，然后选择"拉伸"→"切割"命令，"方向"选择"到曲面"，切割出栅格。选择"镜像"命令，完成机身镜像，合并结果，完善结果，如图7－18所示。

图7－18　机身镜像结果

（16）细节处理。用"面片草图""拉伸""圆角"等命令完成车用吸尘器机身其余细小位置建模，查看体偏差后，若满足建模误差，就可以导出模型进行创新设计了，效果如图7－19所示。

图7－19　车用吸尘器建模效果

评价反馈

各组代表展示作品，介绍任务完成过程。展示作品前应准备阐述材料，并完成表7-3～表7-6。

表7-3　学生自评表

班级		组名		日期	年 月 日
评价指标	评价内容			分数	分数评定
信息检索	能够有效地利用网络、图书资源查找有用的相关信息等；能够将查到的信息有效地传递到学习中			10	
感知课堂生活	能够熟悉逆向工程岗位，认同工作价值；在学习中能够获得满足感			10	
参与态度	积极主动地与教师、同学交流，相互尊重、理解、平等；与教师、同学能够保持多向、丰富、适宜的信息交流			10	
	能够处理好合作学习和独立思考的关系，做到有效学习；能够提出有意义的问题或能发表个人见解			10	
知识获得	1. 能正确进行面片拟合、修剪、抽壳			20	
	2. 能按要求完成逆向建模			20	
思维态度	能够发现问题、提出问题、分析问题、解决问题、创新问题			10	
自评反馈	按时按质完成工作任务；较好地掌握知识点；具有较强的信息分析能力和理解能力；具有较为全面严谨的思维能力并能够将所学知识条理清晰地表达成文			10	
自评分数					
有益的经验和做法					
总结反馈建议					

表7-4　组内评价表

班级		组名		日期	年 月 日
评价指标	评价内容			分数	分数评定
信息检索	能够有效地利用网络、图书资源、工作手册查找有用的相关信息等；能够用自己的语言有条理地解释、表述所学知识；能够将查到的信息有效地传递到工作中			10	
感知工作	能够熟悉工作岗位，认同工作价值；在工作中能够获得满足感			10	

续表

评价指标	评价内容	分数	分数评定
参与态度	积极主动地参与工作，吃苦耐劳，崇尚劳动光荣、技能宝贵；与教师、同学相互尊重、理解、平等；与教师、同学能够保持多向、丰富、适宜的信息交流	10	
	探究式学习、自主学习不流于形式，能够处理好合作学习和独立思考的关系，做到有效学习；能够提出有意义的问题或发表个人见解；能够按要求正确操作；能够倾听他人的意见，与他人协作共享	10	
学习方法	学习方法得体，有工作计划；操作符合规范要求；能够获得进一步学习的能力	10	
工作过程	遵守管理规程，操作过程符合现场管理要求；平时上课的出勤情况和每天完成工作任务情况良好；善于多角度分析问题，能够主动发现、提出有价值的问题	15	
思维态度	能够发现问题、提出问题、分析问题、解决问题、创新问题	10	
自评反馈	按时按质完成工作任务；较好地掌握专业知识点；具有较强的信息分析能力和理解能力；具有较为全面严谨的思维能力并能够将所学知识条理清晰地表达成文	25	
小组自评分数			
有益的经验和做法			
总结反馈建议			

表 7 - 5　组间互评表

班级		组名		日期	年 月 日
评价指标	评价内容			分数	分数评定
信息检索	该组能够有效地利用网络、图书资源、工作手册查找有用的相关信息等			5	
	该组能够用自己的语言有条理地解释、表述所学知识			5	
	该组能够将查到的信息有效地传递到工作中			5	
感知工作	该组能够熟悉工作岗位，认同工作价值			5	
	该组成员在工作中能够获得满足感			5	

评价指标	评价内容	分数	分数评定
参与态度	该组与教师、同学相互尊重、理解、平等	5	
	该组与教师、同学能够保持多向、丰富、适宜的信息交流	5	
	该组能够处理好合作学习和独立思考的关系，做到有效学习	5	
	该组能够提出有意义的问题或发表个人见解；能够按要求正确操作；能够倾听他人的意见，与他人协作共享	5	
	该组能够积极参与，在产品加工过程中不断学习，综合运用信息技术的能力得到提高	5	
学习方法	该组的工作计划、操作过程符合现场管理要求	5	
	该组获得了进一步发展的能力	5	
工作过程	该组遵守管理规程，操作过程符合现场管理要求	5	
	该组成员平时上课的出勤情况和每天完成工作任务情况良好	5	
	该组成员能够加工出合格工件，并善于多角度分析问题，能够主动发现、提出有价值的问题	15	
思维态度	该组能够发现问题、提出问题、分析问题、解决问题、创新问题	5	
自评反馈	该组能够严肃认真地对待自评，并能够独立完成自测试题	10	
互评分数			
简要评述			

表7-6 教师评价表

班级		组名		姓名	
出勤情况					
序号	评价内容	评价要点	考察要点	分数	分数评定标准	得分
1	任务描述、接受任务	口诉任务内容细节	1. 表达自然、吐字清晰	2	表达不自然或吐字不清晰扣1分	
			2. 表达思路清晰、准确		表达思路不清晰、不准确扣1分	

续表

序号	评价内容	评价要点	考察要点	分数	分数评定标准	得分
2	任务分析、分组情况	依据任务内容分组分工	1. 分析建模步骤关键点准确	3	分析建模步骤关键点不准确扣1分	
			2. 理论知识回顾完整、分组分工明确		理论知识回顾不完整扣1分，分组分工不明确扣1分	
		制定逆向建模工艺计划	制定逆向建模工艺计划	20	逆向建模工艺计划不完整，错一步扣2分	
3	计划实施	建模前准备	工具准备就绪	15	每漏一项扣1分	
		建模过程	1. 正确进行面片拟合、修剪、抽壳	30	不能正确进行面片拟合、修剪、抽壳扣5分	
			2. 正确完成逆向建模步骤		不能正确完成逆向建模的，一个步骤扣5分	
		现场恢复	在操作过程中遵循"6S""三不落地"原则	15	每漏一项扣1分，扣完为止	
4	总结	任务总结	1. 依据自评分数	2	—	
			2. 依据互评分数	3	—	
			3. 依据个人总结评价报告	10	依据总结内容是否到位给分	
合计				100		

 学习情境相关知识点

抽壳操作

抽壳操作是从实体上选定删除面，给定壁厚，使用剩下的面创建厚度。具体操作步骤如下。

（1）打开"壳体"对话框。在模型菜单中选择"壳体"命令 🔲，弹出"壳体"对话框。

（2）生成相同厚度的壳体。

①选取抽壳体。在"壳体"对话框的"体"下选择"拉伸1"选项，在"深度"框中输入"3 mm"，不勾选"向外侧抽壳"复选框。

②选择删除面。在"壳体"对话框的"删除面"下选择需要删除的"面1"，生成同厚度的抽壳体，如图7-20所示。

（a）　　　　　　　　　　　　　　　　　（b）

图7-20　实体抽壳

（3）生成不同厚度的抽壳体。

①在"壳体"对话框的"体"下选择"回转1"选项，在"深度"框中输入"3 mm"，不勾选"向外侧抽壳"复选框。

②选择删除面。在"壳体"对话框的"删除面"下选择左、右两个端面和底面——"面1""面2""面3"，在"不同厚度的面"下单击"+"按钮，便可增加一个面。在第一个面下，选择球面"面4"，"深度"为"4 mm"，在第二个面下，选择后端圆锥面"面5"，"深度"为"5 mm"，如图7-21所示。

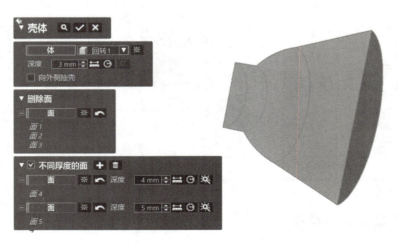

图7-21　生成不同厚度的抽壳体

单击"确定"按钮完成抽壳操作，效果如图 7 – 22 所示。

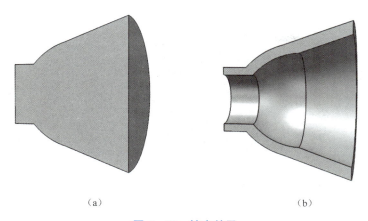

（a）　　　　　　　　　　　（b）

图 7 – 22　抽壳效果

模块三

3D 打印技术

溶融沉积成型

 学习情境描述

溶融沉积成型（Fused Deposition Modeling，FDM）工艺是目前应用最广泛的一种3D打印工艺，很多消费级3D打印机都采用该工艺，因为它实现起来相对容易，设备及模型制作成本相对较低。FDM加热头把热熔性材料（ABS、尼龙、蜡等）加热到临界状态，使其呈现半流动状态，然后FDM加热头会在软件控制下沿CAD确定的二维几何轨迹运动，同时喷头将半流动状态的材料挤压出来，材料瞬时凝固形成有轮廓形状的薄层（图8-1）。

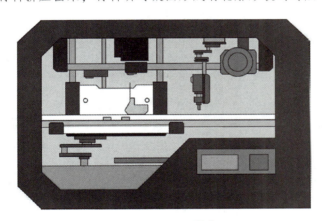

图 8-1　FDM 技术

学习目标

【知识目标】
掌握 FDM 工艺原理。

【能力目标】
能合理设置 Cura 分层参数，熟练掌握 FDM 桌面级 3D 打印机的操作。

【素质目标】
培养学生自主学习、自主收集技术资料的习惯和素养；培养学生的合作精神、精益求精的工匠精神；培养学生的创新创业实践能力。

 **任务书**

机械设计课程组需要一套锥齿轮的换向离合机构演示教具，计划月FDM技术制作，教

具装配效果如图 8 – 2 所示，前期已完成立体模型的创建，现需要将其打印出来并装配。换向离合机构演示教具零件明细见表 8 – 1。

【应用场景】FDM 桌面级 3D 打印机是应用 FDM 技术的小型 3D 打印机。它特别适合教学、家用 DIY 等小型模型制作的场合。

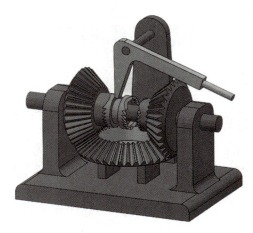

图 8 – 2　换向离合机构演示教具装配效果

表 8 – 1　换向离合机构演示教具零件明细

名称	数量	简图
换向支撑座	1	
换向轴	1	
离合器齿	1	
手柄	1	
轴	1	
锥齿轮 1	2	
锥齿轮 2	1	

任务分组

学生任务分配见表 8 - 2。

表 8 - 2　学生任务分配

班级		组号		指导老师	
组长		学号			
组员	班级	姓名		学号	电话
任务分工					

工作准备

（1）阅读工作任务书，完成分组和组员间分工。

（2）收集 FDM 相关知识。

（3）学习 FDM 桌面级 3D 打印机的操作步骤。

（4）完成各部件正向建模与 3D 打印。

（5）进行后处理，装配，展示作品，分组评分。

获取资讯

≫ 引导问题 1：什么是 FDM？

_____

_____

≫ 引导问题 2：读图 8 - 3 并填写表 8 - 3。

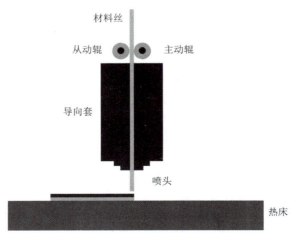

图 8 - 3　引导问题 2 图

表 8 – 3　FDM 技术原理

名称	作用	材料及注意事项
材料丝		
从动辊		
主动辊		
导向套		
喷头		
热床		

》 引导问题 3：FDM 3D 打印的材料有哪些？如何选用？

_____

_____

_____

_____

☑ 小 资 料

FDM 技术路径涉及的材料主要包括成型材料和支撑材料。一般的热塑性材料做适当改性后都可用于 FDM。同一种材料可以做出不同的颜色，用于制造彩色零件。该工艺也可以堆积复合材料零件，如把低熔点的蜡或塑料熔融丝与高熔点的金属粉末、陶瓷粉末、玻璃纤维、碳纤维等混合作为多相成型材料。支撑材料有两种类型：一种是剥离性支撑材料，需要手动剥离零件表面的支撑；另一种是水溶性支撑材料，它可以分解于碱性水溶液。

》 引导问题 4：FDM 技术的优势及劣势分别是什么？

_____

_____

_____

_____

☑ 小 资 料

FDM 技术的优势如下。

（1）成本低。FDM 技术不采用激光器，设备运营维护成本较低，其成型材料多为 ABS、PC 等常用工程塑料，成本同样较低，因此目前桌面级 3D 打印机多采用 FDM 技术。

（2）成型材料范围较广。ABS、PLA、PC、PP 等热塑性材料均可作为 FDM 技术的成型材料，这些都是常见的工程塑料，易于取得且成本较低。

（3）环境污染较小。在整个成型过程中只涉及热塑材料的熔融和凝固，且在较为封闭的 3D 打印室内进行，不涉及高温、高压，没有有毒有害物质排放，因此环境友好程度较高。

（4）设备、材料体积较小。采用 FDM 技术的 3D 打印设备体积较小，耗材也是成卷的丝材，便于搬运，适用于办公室、家庭等环境。

（5）原料利用率高。对没有使用或者使用过程中废弃的成型材料和支撑材料可以进行回收，加工再利用，有效提高原料的利用效率。

工作计划

按照收集的资讯和决策过程，根据建模步骤及 FDM 桌面级 3D 打印机的使用方法、后处理步骤、注意事项，完成表 8-4、表 8-5。FDM 桌面级 3D 打印所需设备、工具及耗材如图 8-4 所示。

表 8-4 换向离合机构演示教具的 FDM 桌面级 3D 打印工作方案

步骤	工作内容	负责人
1		
2		
3		
4		
5		

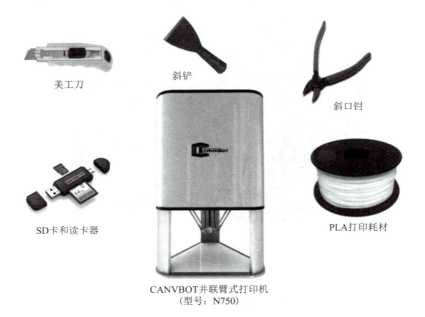

图 8-4 FDM 桌面级 3D 打印所需设备、工具及耗材

表 8 – 5 换向离合机构演示教具 FDM 桌面级 3D 打印所需设备、工具及耗材

序号	名称	型号与规格	单位	数量	备注
1					
2					
3					
4					

进行决策

检查影响 FDM 桌面级 3D 打印机精度的环境因素，并制定 FDM 桌面级 3D 打印的工作流程及详细步骤。

_____

_____

_____

_____

工作实施

1. FDM 桌面级 3D 打印机准备

LCD 操作面板主菜单认知。

LCD 操作面板主菜单的内容由厂家设定，用户不要更改其中的设置（图 8 – 5）。

图 8 – 5 LCD 操作面板主菜单

2. 耗材装入

（1）将打印材料置于料架上，并把打印材料通过进丝机构顺入导线管。

（2）在操作面板中，先按工具菜单栏找到"手动"界面，按中间的"房子"按钮自动

回原点（图 8 – 6）。

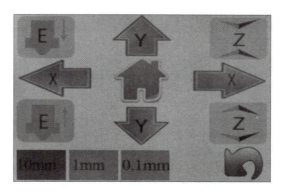

图 8 – 6　自动回原点

（3）在操作面板中，先按工具菜单栏，然后找到"装卸耗材"按钮（图 8 – 7）。

图 8 – 7　"装卸耗材"按钮

（4）按下"装卸耗材"按钮进入相关界面，按两个"E1"按钮中间的数字。加热到需要的温度后，按"E1↓"按钮自动进料，不要连续按，直到材料从喷嘴挤出后按"Stop"红色按钮（图 8 – 8）。

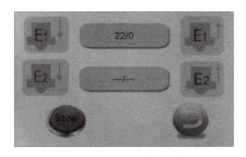

图 8 – 8　预热喷头后进料

3. 模型分层

首先在计算机上预装 Cura 分层软件，具体步骤略。

切片操作步骤如下。

（1）首先，按下右侧 3D 浏览窗口左上角的"Load"按钮，载入一个模型。载入模型后，就可以在主窗口内看到载入模型的 3D 形象。同时，在窗口的左上角，标着红圈的位置处，可以看到一个进度条在前进。进度条达到 100% 时，就会显示时间、长度和克数，同时保存按钮变为可用状态，如图 8-9 所示。

图 8-9　保存按钮变为可用状态

在 3D 浏览窗口，使用鼠标右键拖曳，可以实现观察视点的旋转。使用鼠标滚轮，可以实现观察视点的缩放。这些动作都不改变模型本身，只是改变观察角度，可以随意使用，不用担心做了无法恢复的动作。

（2）设置相关参数，此时喷头为 210 ℃高温，应注意安全。

（3）进行分层切片处理，得到 GCODE 代码。

（4）将切片文件保存为"X-X.gcode"。

▷ 引导问题 5：喷头温度如何设置？模型如何放置？是否需要设置支撑？

_____

_____

_____

_____

_____

4. 3D 打印过程

（1）将胶水均匀涂抹于热床上，以便于材料更好地附着在热床上。

（2）开始打印，将 SD 卡插入 3D 打印机上方的 SD 卡槽后按下"打印"按钮。选择需要打印的模型（图 8-10）。

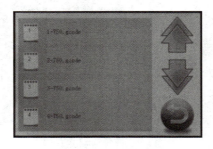

图 8-10　选择模型

5. 后处理及装配调试

（1）在操作面板中，先按工具菜单栏找到"手动"界面，然后按中间的"房子"按钮自动回原点。

（2）退丝。退丝和进丝加热的步骤基本一样，在加热完成以后按"E1↓"按钮，可看到丝材从喷嘴处流出大约 10 cm，再按"E1↑"按钮退料，退到进丝电动机处，用手把丝材拔出即可。

（3）待热床冷却后再将模型取下，清理热床上的杂物，以便于下次打印。

（4）打印结束后，要及时将喷嘴底部的残料清理干净；清理残料后等待 5～10 min 即可断电，断电后要将打印头与 3D 打印机内部清理干净；打印玻璃要进行清洗，将打印玻璃晾干后装在 3D 打印机上，以方便下次使用。

✅ 小资料

"6S"管理内容

6S 是"整理""整顿""清扫""清洁""素养""安全"6 个日文单词的简称。

（1）整理：就是区分必需品和非必需品，并清除后者。将混乱状态改变为整齐。

目的：改善各实习实训场地的形象与品质。

（2）整顿：就是每天对各类工具、实训器材、设施设备、教学（实习）用品等进行整顿。确保能在很短时间内（30 s 内）找到需要的物品，确保每天各类工作用具的正常使用。

目的：提高工作效率，节省各种成本。

（3）清扫：就是使教学环境和设施设备保持无垃圾、无灰尘、干净整洁的状态。

目的：保持教学环境和设施设备处于良好的状态。

（4）清洁：就是将整理、整顿、清扫进行彻底，持之以恒，并且制度化、公开化、透明化。

目的：将整理、整顿、清扫内化为每个人的自觉行为，从而全面提升每个人的职业素质。

（5）素养：就是全体成员认真执行学校的规章制度，严守纪律和标准，促进团队精神的形成。

目的：养成遵章守纪的好习惯，打造优秀的师生团队。

（6）安全：就是注意、预防、杜绝、消除一切不安全因素和现象，时刻注意安全。

目的：人人都能预防危险，确保实习实训（一体化）教学安全。

📖 评价反馈

各组代表展示作品，介绍任务完成过程。展示作品前应准备阐述材料，并完成表 8－6～表 8－9。

表 8－6　学生自评表

班级		组名		日期	年 月 日
评价指标		评价内容		分数	分数评定
信息检索		能够有效地利用网络、图书资源查找有用的相关信息等；能够将查到的信息有效地传递到学习中		10	
感知课堂生活		能够熟悉逆向工程岗位，认同工作价值；在学习中能够获得满足感		10	

评价指标	评价内容	分数	分数评定
参与态度	积极主动地与教师、同学交流，相互尊重、理解、平等；与教师、同学能够保持多向、丰富、适宜的信息交流	10	
	能够处理好合作学习和独立思考的关系，做到有效学习；能够提出有意义的问题或发表个人见解	10	
知识获得	1. 能正确使用切片软件对模型进行切片和打印参数设置	20	
	2. 能正确使用N750打印机打印模型，无翘边、分层等质量问题	20	
思维态度	能够发现问题、提出问题、分析问题、解决问题、创新问题	10	
自评反馈	按时按质完成工作任务；较好地掌握知识点；具有较强的信息分析能力和理解能力；具有较为全面严谨的思维能力并能够将所学知识条理清晰地表达成文	10	
自评分数			
有益的经验和做法			
总结反馈建议			

表8-7 组内评价表

班级		组名		日期	年 月 日
评价指标	评价内容			分数	分数评定
信息检索	能够有效地利用网络、图书资源、工作手册查找有用的相关信息等；能够用自己的语言有条理地解释、表述所学知识；能够将查到的信息有效地传递到工作中			10	
感知工作	能够熟悉工作岗位，认同工作价值；在工作中能够获得满足感			10	
参与态度	积极主动地参与工作，吃苦耐劳，崇尚劳动光荣、技能宝贵；与教师、同学相互尊重、理解、平等；与教师、同学能够保持多向、丰富、适宜的信息交流			10	
	探究式学习、自主学习不流于形式，能够处理好合作学习和独立思考的关系，做到有效学习；能够提出有意义的问题或发表个人见解；能够按要求正确操作；能够倾听他人的意见，与他人协作共享			10	
学习方法	学习方法得体，有工作计划；操作符合规范要求；能够获得进一步学习的能力			10	

续表

评价指标	评价内容	分数	分数评定
工作过程	遵守管理规程，操作过程符合现场管理要求；平时上误的出勤情况和每天完成工作任务情况良好；善于多角度分析问题，能够主动发现、提出有价值的问题	15	
思维态度	能够发现问题、提出问题、分析问题、解决问题、创新问题	10	
自评反馈	按时按质完成工作任务；较好地掌握专业知识点；具有较强的信息分析能力和理解能力；具有较为全面严谨的思维能力并能够将所学知识条理清晰地表达成文	25	
小组自评分数			
有益的经验和做法			
总结反馈建议			

表 8-8　组间互评表

班级		组名		日期	年 月 日
评价指标	评价内容			分数	分数评定
信息检索	该组能够有效地利用网络、图书资源、工作手册查找有用的相关信息等			5	
	该组能够用自己的语言有条理地解释、表述所学知识			5	
	该组能够将查到的信息有效地传递到工作中			5	
感知工作	该组能够熟悉工作岗位，认同工作价值			5	
	该组成员在工作中能够获得满足感			5	
参与态度	该组与教师、同学相互尊重、理解、平等			5	
	该组与教师、同学能够保持多向、丰富、适宜的信息交流			5	
	该组能够处理好合作学习和独立思考的关系，做到有效学习			5	
	该组能够提出有意义的问题或发表个人见解；能够按要求正确操作；能够倾听他人的意见，与他人协作共享			5	
	该组能够积极参与，在产品加工过程中不断学习，综合运用信息技术的能力得到提高			5	

续表

评价指标	评价内容	分数	分数评定
学习方法	该组的工作计划、操作过程符合现场管理要求	5	
	该组获得了进一步发展的能力	5	
工作过程	该组遵守管理规程，操作过程符合现场管理要求	5	
	该组成员平时上课的出勤情况和每天完成工作任务情况良好	5	
	该组成员能够加工出合格工件，并善于多角度分析问题，能够主动发现、提出有价值的问题	15	
思维态度	该组能够发现问题、提出问题、分析问题解决问题、创新问题	5	
自评反馈	该组能够严肃认真地对待自评，并能够独立完成自测试题	10	
互评分数			
简要评述			

表8-9　教师评价表

班级		组名		姓名	
出勤情况					
序号	评价内容	评价要点	考察要点	分数	分数评定标准	得分
1	任务描述、接受任务	口诉任务内容细节	1. 表达自然、吐字清晰	2	表达不自然或吐字不清晰扣1分	
			2. 表达思路清晰、准确		表达思路不清晰、不准确扣1分	
2	任务分析、分组情况	依据任务内容分组分工	1. 分析安装步骤关键点准确	3	分析安装步骤关键点不准确扣1分	
			2. 理论知识回顾完整、分组分工明确		理论知识回顾不完整扣1分，分组分工不明确扣1分	
		制定模型FDM打印工艺计划	制定模型FDM打印工艺计划	20	模型FDM打印工艺计划不完整，错一步扣2分	

续表

序号	评价内容	评价要点	考察要点	分数	分数评定标准	得分
3	计划实施	3D打印前准备	工具耗材、打印及准备就绪	15	每漏一项扣1分	
		3D打印过程	1. 正确切片	30	不能正确切片扣5分	
			2. 正确进行3D打印		3D打印有质量问题，不能及时解决扣5分	
		现场恢复	在加工过程中遵循"6S""三不落地"原则	15	每漏一项扣1分，扣完为止	
4	总结	任务总结	1. 依据自评分数	2	—	
			2. 依据互评分数	3	—	
			3. 依据个人总结评价报告	10	依据总结内容是否到位给分	
合计				100		

 学 习 情 境 相 关 知 识 点

8.1 认识3D打印技术

3D打印技术（3D Printing Technology）起源于 20 世纪 80 年代出现的快速原型制造技术，它依据计算机的三维设计和三维计算，通过软件和数控系统，将特制材料以逐层堆积固化、叠加成型的方式生成三维实体，因此也被称为"增材制造"技术。3D打印是一种全新的制造方式；被认为是最近 20 年来世界制造技术领域的一次重大突破。

3D打印技术的发展与应用，把当前在科学研究、技术研发和文化娱乐等领域发挥重要作用的"虚拟世界"带回"现实"。借助 3D 打印技术，计算机虚拟世界中大量由数学公式和物理定律生成的物体，几乎可以不经过专业技术人员的再处理即可直接转化为现实世界中的物体。3D打印技术将虚拟（数字、网络）世界、现实（物理）世界与人（设计者、生产者和消费者）密切联系起来，形成了前所未有的信息回路，将对未来产生深远的影响。

美国、日本、德国、韩国及欧洲进入 3D 打印领域较早，是拥有 3D 打印技术专利最多的国家和地区。国外 3D 打印技术已经历萌芽期、稳步增长期和快速增长期，目前处在技术相对成熟期。国内 3D 打印技术较国外的发展存在一定差距，处在该领域的快速成长期，技术分布范围扩大，正向产业化阶段迈进。3D打印技术在业界还没有形成一个明确的分类，但根据成型技术的基本思想不同，大致可以划分为两大类别——选择性沉积型和黏合凝固型。从具体实现技术的角度又可以进一步细分，其中选择性沉积型就可以划分为 FDM、层叠法成型（Laminated Object Manufacturing，LOM）等。而黏合凝固型则主要包括喷墨粘粉式

（Three Dimensional Printing and Gluing，3DP）以及选择性激光烧结（Selected Laser Sintering，SLS）等应用类型。除此之外，还存在一些混合了两种基本思想的应用技术，例如光固化成型（Stereolithography Apparatus，SLA）。

8.2 FDM 工艺原理

FDM 又叫作熔丝沉积成型，主要采用丝状热熔性材料作为原材料，通过加热融化，将液化后的原材料通过一个带微细喷嘴的喷头挤喷出来。原材料被喷出后沉积在制作面板或者前一层已固化的材料上，在温度低于熔点后开始固化，通过材料逐层堆积形成最终的成品。在描述 FDM 3D 打印机的工作原理之前，可以先设想这样一个场景：首先拿一根被加热过的牙膏，在牙膏盒中牙膏是液态的，但只要把它挤出来它就会马上凝固；然后把这根牙膏头朝下拿着，并往桌面上挤，边挤边水平移动，就像写毛笔字一样；等完成桌面上一层的工作后，把牙膏再往上抬一点，接着往第二个平面上继续挤牙膏，这时挤出来的牙膏会和之前的牙膏黏在一起，先挤出的牙膏会固化形成后面挤出牙膏的支撑；不断地重复以上过程，直到挤出需要的形状。这就是 FDM 技术的基本思想。

根据这样的基本思想，工程师们将原材料预先加工成特定口径的圆形线材，然后将制作成线形的原材料通过送丝轴逐渐导入热流道，在热流道中对材料进行加热熔化处理。在热流道的下方是喷头，喷头底部带有微细的喷嘴（直径一般为 0.2 ~ 0.6 mm），通过后续丝材的挤压所形成的压力，将熔融状态下的液态材料挤喷出来。FDM 技术原理如图 8 - 11 所示。

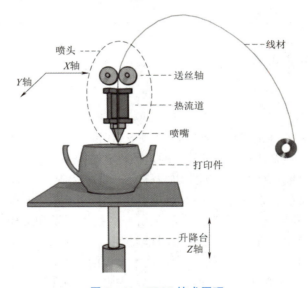

图 8 - 11　FDM 技术原理

由于工艺的需要，在3D打印机工作前，一般需要先设定各层的间距、路径的宽度等基本信息，然后由切片引擎对三维模型进行切片并生成打印路径。接着在上位软件和3D打印机的控制下，喷头根据水平分层数据做 X 轴和 Y 轴方向的平面运动，Z 轴方向的垂直移动则由工作台来完成。同时，丝材由送丝轴送至喷头，经过加热、熔化，一般将加热温度设为原材料熔点之上几摄氏度，这样当材料从喷头挤出黏结到工作台上时，便会快速冷却并凝固。这样打印出的材料迅速与前一个层面熔结在一起，当完成每一层截面后，工作台便下降一个层厚的高度，3D打印机继续进行下一层的打印，一直重复这样的步骤，直至完成整个设计模型。

FDM 工艺的关键是保持从喷嘴中喷出的、熔融状态下的原材料温度刚好在凝固点之上，通常控制在比凝固点高 1 ℃左右。如果温度太高，会导致打印模型的精度低、模型变形等问题；如果温度太低或不稳定，则容易导致喷头被堵住，打印失败。

8.3　FDM 3D 打印材料的选择

FDM 3D 打印模型精度与打印材料有密切的关系，材料质量的高低直接会影响打印模型的质量和效率。

1. FDM 3D 打印材料介绍

1）FDM 3D 打印材料直径要均匀

市面上常有 1.75 mm 规格的材料，但也有一些 1.66 mm、1.70 mm 等规格的材料，如果材料规格比 3D 打印机规格的尺寸小，则在打印过程中送丝回抽都会出现电动机丢步的情况，打印出的模型会出现错位情况。

2）每个品牌材料添加的成分不同

材料中水分比例过高时，打印出的模型外壁会出现积屑瘤，层层堆积挤压，影响模型外形，因此建议每款 3D 打印机尽量使用同一品牌的耗材，不要频繁更换耗材。

3）材料收缩引起的误差

FDM 系统所用材料为热塑性材料，其在成型过程中会发生两次相变过程，一次是由固态丝状受热熔化为熔融状态，另一次是由熔融状态经过喷嘴挤出后冷却成固态。材料在凝固过程中体积收缩，会产生内应力，内应力容易导致翘曲变形和脱层现象。

2. 常用 FDM 3D 打印材料

随着我国 FDM 技术日渐成熟，FDM 3D 打印机日渐普及，对材料的依赖性也越大。FDM 3D 打印材料的发展一直是阻碍 FDM 技术快速普及的一个重要因素，在开拓新材料的同时要呼吁对已有材料的持续改进，让更多人方便、安全地使用 FDM 3D 打印机。

FDM 3D 打印机现用的主流材料为 ABS 和 PLA 两种，它们都为工程塑料，两者各有特点，如图 8 – 12 所示。

镂空线盘，可清晰观察用料情况并易于拿取

中心圆孔，可挂放，打印更方便

固定卡扣，方便打印未使用完线材的接口固定

图 8 – 12　FDM 3D 打印材料

ABS 具有强度高、韧性好、稳定性高的特点，是一种热塑性高分子材料。ABS 的熔点为 200 ℃左右。FDM 3D 打印机使用 ABS 时一般设置喷嘴温度为 210 ~ 230 ℃。市面上销售的 ABS 材料规格以 1.75 mm 居多。

PLA 具有良好的热稳定性和抗溶剂性，是一种新型的生物降解材料。其熔点比 ABS 低，为 180 ℃左右。市面上出售的 PLA 材料规格以为 1.75 mm 和 3.00 mm 居多。就 3D 打印模型来讲，PLA 模型比 ABS 模型的硬度要大，ABS 模型是暗色的，PLA 模型是亮色的。

ABS 与 PLA 打印参数的差异见表 8-10。

表 8-10　ABS 与 PLA 打印参数的差异

材料	打印温度 /℃	打印热床 /℃	支撑拆除	翘边程度	特殊支撑材料	打磨	其他
ABS	200~260	90	易	容易翘边	无	容易打磨	打印时有异味
PLA	190~220	室温	一般	不易翘边	水溶性支撑	不易打磨	打印时基本无异味

3. FDM 3D 打印材料的使用

与其他 3D 打印材料相比，可供 FDM 3D 打印材料选择范围较广，在进行 FDM 3D 打印材料选择时主要考虑以下因素。

（1）黏度：黏度越低则阻力越小，有助于成型且不容易堵塞喷头。

（2）熔点：熔点越接近常温，则打印功耗越小，且有利于延长机器的机械寿命，减小热应力从而提高打印精度。

（3）黏结性：材料的黏结性决定了打印件各层之间的连接强度。

（4）收缩性：材料的收缩性越小，则打印件的精度越有保证。

对于支撑材料，FDM 工艺的要求主要有以下几个方面。

（1）根据实体材料的不同，支撑材料要能够相应地承受一定的高温。

（2）支撑材料与实体材料之间不会浸润，以便于后处理。

（3）同实体材料一样，支撑材料需要较好的流动性。

（4）最好具有水溶性或酸溶性等特征。

（5）最好具有较低的熔融温度。

8.4　FDM 工艺过程

1. 制作待打印物品的三维数字模型

一般由设计人员根据产品的要求，通过 CAD 软件绘制出需要的三维数字模型。在设计时常用到的设计软件主要有 Pro/Engineering、Solidworks、MDT、AutoCAD、UG 等。

2. 获得模型 STL 格式的数据

一般设计好的模型表面上会存在许多不规则的曲面，在进行打印之前必须对模型上这些曲面进行近似拟合处理。目前最通用的方法是将模型转换为 STL 格式进行保存。STL 格式是美国 3D Systems 公司针对 3D 打印设备设计的一种文件格式。该格式通过使用一系列相连的小三角平面来拟合曲面，从而得到可以快速打印的三维近似模型文件。大部分常见的 CAD 设计软件都具备导出 STL 格式文件的功能，如 Pro/Engineering、Solidworks、MDT、AutoCAD、UG 等。

3. 使用切片软件进行切片分层处理并自动添加支撑

由于 3D 打印都是先对模型分解，然后逐层按照层截面进行制造，最后循环累加而成的，所以必须先将 STL 格式的三维模型进行切片，转化为 3D 打印设备可以处理的层片模型。目前市场上常见的各种 3D 打印设备都自带切片处理软件，在完成基本的参数设置后，切片处理软件能够自动计算出模型的截面信息。

4. 进行打印制作

根据 8.2 节所介绍的 FDM 工艺原理，可以想象在打印一些大跨度结构时必须对产品添加支撑。否则，当上层截面相比下层截面急剧放大时，后打印的上层截面会有部分出现悬浮（或悬空）的情况，从而导致截面发生部分塌陷或变形，严重影响模型的成型精度。因此，最终打印完成的模型一般包括支撑部分与实体部分，而切片处理软件会根据待打印模型的外形，自动计算是否需要为其添加支撑。

同时，添加支撑还有一个重要的目的是建立基础层，即在正式打印之前，先在工作台上打印一个基础层，然后在该基础层上进行模型打印，这样既可以使打印模型底层更加平整，还可以使制作完成的模型更容易被剥离。因此，进行 FDM 3D 打印的关键一步是制作支撑，一个良好的基础层可以为整个打印过程提供一个精确的基准面，进而保证打印模型的精度和品质。

5. 支撑剥离、表面打磨等后处理

对 FDM 3D 打印模型而言，其后处理工作主要是对模型的支撑进行剥离、对外表面进行打磨等。首先需要去除实体模型的支撑部分，然后对实体模型的外表面进行打磨，以使最终模型的精度、表面粗糙度等达到要求。

根据实际制作经验来看，FDM 3D 打印的模型在复杂和细微结构上的支撑很难在不影响模型的情况下被完全去除，很容易出现损坏模型表面的情况，对模型表面的品质有不小的影响。针对这样的问题，3D 打印界巨头 Stratasys 公司在 1999 年开发了一种水溶性支撑材料，通过溶液对打印后的模型进行冲洗，将支撑材料进行溶解而不损伤实体模型，从而有效地解决了这个难题。目前我国自行研发的 FDM 3D 打印设备还无法做到这一点，打印模型的后处理仍然是一个较为复杂的过程。

FDM 3D 打印工艺流程如图 8 – 13 所示。

图 8 – 13　FDM 3D 打印工艺流程

8.5　FDM 技术的特点

在不同技术的 3D 打印设备中，FDM 3D 打印设备一般具有机械结构简单、设计容易等特点，并且制造成本、维护成本和材料成本在各项 3D 打印技术中也是最低的。因此，在目前出现的所有家用桌面级 3D 打印机中，使用的都是 FDM 技术。而在工业级的应用中，也存在大量采用 FDM 技术的设备，例如 Stratasys 公司的 Fortus 系列设备。

FDM 技术的关键在于热熔喷头，需要对喷头温度进行稳定且精确的控制，使原材料从

喷头挤出时既能保持一定的强度，同时具有良好的黏结性能。此外，供打印的原材料也十分重要，其纯度、材质的均匀性都对最终的打印效果产生影响。

如前所述，FDM技术的一大优势在于制造简单、成本低廉。对于桌面级3D打印机来说，也就不会在出料部分增加控制部件，致使难以精确地控制出料形态和成型效果。同时，温度对于FDM 3D打印成型效果的影响也非常大，而FDM桌面级3D打印机通常缺乏恒温设备，这导致基于FDM桌面级3D打印机的成品精度通常为0.1～0.3 mm，只有少数高端机型能够支持0.1 mm以下的层厚，但是受温控影响，最终打印效果依然不够稳定。此外，大部分FDM 3D打印机在打印时，每层的边缘容易出现由于分层沉积而产生的"台阶效应"，导致很难达到所见即所得的3D打印效果，因此在对精度要求较高的情况下很少采用FDM 3D打印设备。

概括来讲，FDM技术主要有以下几方面优点。

（1）热融挤压部件构造原理和操作都比较简单，维护比较方便，并且系统运行比较安全。

（2）制造成本、维护成本都比较低，价格非常有竞争力。

（3）有开源项目支持，相关资料比较容易获得。

（4）打印工序比较简单，工艺流程短，直接打印而不需刮板等工序。

（5）模型的复杂度不对打印过程产生影响，可用于制作具有复杂内腔、孔洞的工件。

（6）打印过程中原材料不发生化学变化，并且打印后的模型的翘曲变形相对较小。

（7）原材料的利用率高，且保存寿命长。

（8）打印制作的蜡制模型可以同传统工艺结合，直接用于熔模铸造。

相比其他3D打印技术，FDM技术也存在一些明显的缺点。

（1）在成型件表面存在非常明显的台阶条纹，整体精度较低。

（2）受材料和工艺限制，打印模型的受力强度低，打印特殊结构的模型时必须添加支撑。

（3）沿成型件Z轴方向的材料强度比较低，不适合打印大型模型。

（4）需按截面形状逐条进行打印，并且受惯性影响，喷头无法快速移动，导致打印速度较低，打印时间较长。

光固化成型技术

学习情境描述

光固化（photocuring）是指单体、低聚体或聚合体基质在光诱导下的固化过程，一般用于成膜过程。光固化成型（Stereo Lithography Apparotus，SLA）技术具有高效、适应范围广、经济、节能、环保的特点。

不饱和聚酯树脂的光固化：光谱中能量最高的紫外光产生的活化能能够使不饱和聚酯树脂的 C–C 键断裂，产生自由基从而使不饱和聚酯树脂固化。在不饱和聚酯树脂中加入光敏剂后，用紫外线或可见光作能源引发，能使不饱和聚酯树脂很快发生交联反应。SLA 技术原理如图 9–1 所示。

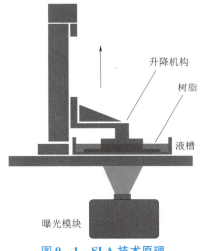

图 9–1　SLA 技术原理

学习目标

【知识目标】
掌握 SLA 工艺原理。

【能力目标】
能合理设置 HALOT BOX 分层参数，熟练掌握 SLA 桌面级 3D 打印机的操作方法。

【素质目标】
培养学生自主学习、自主收集技术资料的方法和素养；培养学生的合作精神、精益求精的工匠精神；培养学生的创新创业实践能力。

 **任务书**

由于 SLA 桌面级 3D 打印机需要用到多张 SD 卡，而 SD 卡体积小，不便于收纳，为方便拿取和存储 SD 卡，请同学们自行设计 SD 卡收纳盒，并将其用 SLA 技术打印出来，SD 卡的尺寸自行量取，其参考图样如图 9 – 2 所示。

图 9 – 2　SD 卡收纳盒参考图样

【应用场景】

（1）制作精细零件。

（2）制作有透明效果的制件。

（3）制作快速模具的母模，翻制各种快速模具。

（4）代替熔模精密铸造中的消失模，用来生产金属零件。

（5）制作各种树脂样品或功能件，用于结构验证和功能测试。

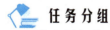 **任务分组**

学生任务分配见表 9 – 1。

表 9 – 1　学生任务分配

班级		组号		指导老师	
组长		学号			
组员	班级	姓名		学号	电话
任务分工					

 工作准备

（1）阅读工作任务书，完成分组和组员间分工。

（2）收集 SLA 相关知识。

（3）学习 SLA 桌面级 3D 打印机的操作步骤。

（4）完成 SD 卡收纳盒的设计与打印。

（5）进行后处理，展示作品，分组评分。

获取资讯

》引导问题 1：什么是 SLA？

_____

_____

_____

_____

》引导问题 2：列举设备名称，思考每个机构的作用。根据图 9 – 3 填写表 9 – 2。

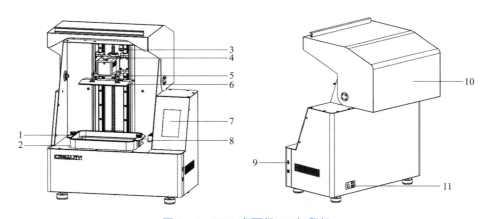

图 9 – 3　SLA 桌面级 3D 打印机

表 9 – 2　SLA 桌面级 3D 打印机的结构与名称

序号	名称	作用
1		
2		
3		
4		
5		
6		
7		
8		
9		
10		
11		

引导问题3：首次打印前如何调平平台？为何要调平平台？

_____

_____

_____

_____

引导问题4：SLA 桌面级 3D 打印所用的材料是什么？如何选择？

_____

_____

_____

_____

小 资 料

光敏树脂，俗称紫外线固化无影胶或 UV 树脂（胶），主要由聚合物单体与预聚体组成，其中加有光（紫外光）引发剂，或称为光敏剂。在一定波长的紫外光（250～300 nm）照射下会立刻引起聚合反应，完成固态化转换。

在正常情况下，光敏树脂一般作为液态保存，常用于制作高强度、耐高温、防水等的材料。随着 SLA 技术的出现，该材料开始被用于 3D 打印领域。因为光敏树脂通过紫外线光照便可固化，所以可以通过激光器成型，也可以通过投影直接逐层成型。采用光敏树脂作为原材料的 3D 打印机普遍具备成型速度快、打印时间短等优点。

引导问题5：说出图9-4所示切片软件界面各区域的作用并填写表9-3。

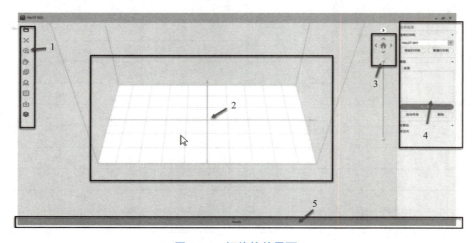

图9-4　切片软件界面

表9-3　切片软件界面区域及作用

序号	区域名称	作用
1		
2		
3		
4		
5		

工作计划

按照收集的资讯和决策过程，根据 SLA 3D 打印机（图9-5）的使用方法、后处理步骤、注意事项，完成表9-4、表9-5。

表9-4　SLA 3D 打印工作方案

步骤	工作内容	负责人
1		
2		
3		
4		
5		

图9-5　创想三维 CT-005 PRO 打印机

151

表 9 – 5　SLA 3D 打印所需设备、工具及耗材

序号	名称	型号与规格	单位	数量	备注
1					
2					
3					
4					

进行决策

检查影响 SLA 桌面级 3D 打印机精度的环境因素，并制定 SLA 桌面级 3D 打印的工作流程及详细步骤。

_____

_____

_____

_____

_____

_____

工作实施

1. 数据处理

（1）进行 SD 卡收纳盒的建模设计。

（2）将建模结果导出为 STL 格式，然后导入到 HALOT BOX 软件进行切片，具体步骤如下。

①打开 SLA 3D 打印切片软件，在界面左方单击"打开"按钮添加模型文件。

②如需添加支撑，单击左上方图标，设置相应参数（图 9 – 6）。

③确定模型是否有必要抽壳，如需抽壳，单击"抽壳"按钮，对选中的模型进行抽壳操作，可以设置抽壳的厚度（图 9 – 7）。抽壳可以把模型变成薄的内、外两层，这样打印，里面是空心的，如果不抽壳，里面将是实心的，抽壳可以节省材料。抽壳一般配合打洞操作，对抽壳的模型一般会在底部打一个洞，让中间空心部分的液体可以流出来。

图 9 – 6　添加支撑

④设置切片参数。切片前可以对各切片参数进行设置，设置项包括耗材、层高、曝光时间、机变补偿厚度、机变补偿焦距、启用 XY 补偿、XY 补偿值、启用 Z 补偿、Z 补偿值/抗锯齿、灰度值范围等（图 9－8）。

图 9－7　抽壳　　　　　　　　　　图 9－8　设置切片参数

⑤切片。单击切片的功能按钮进行切片，切片完成后可以选择将切片文件保存到本地或通过 WiFi 发送到 SLA 3D 打印机。

2. SLA 3D 打印机准备

（1）设置 SLA 3D 打印机。

打开电源后，由主页进入设置界面，然后进行打印参数设置，根据所选耗材，设置打印参数后，返回主界面（图 9－9）。

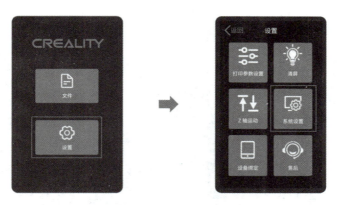

图 9－9　设置 SLA 3D 打印机

（2）装入耗材。将光敏树脂缓缓倒入料盆（图 9－10），料盆容量为 500～1 000 mL，不能低于 500 mL，高于 1 000 mL。注意：光敏树脂为刺激性材料，在操作过程中需要戴上手套，因为该材料对皮肤有腐蚀性，应避免直接接触皮肤。

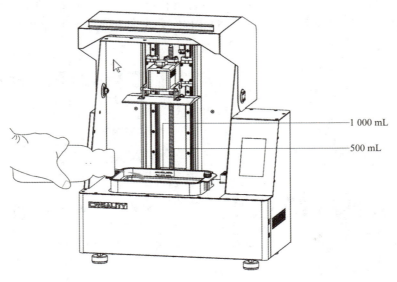

1 000 mL

500 mL

图 9 – 10　装入耗材

3. 开始打印

（1）将保存有打印文件的 U 盘插入 SLA 3D 打印机 USB 接口（图 9 – 11）。

U盘接口

图 9 – 11　插入 U 盘

（2）单击主页上的"File"按钮，然后选择要打印的模型文件，开始打印（图 9 – 12）。

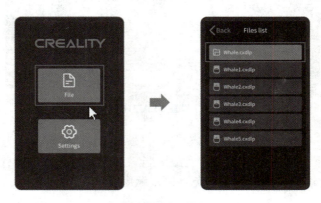

图 9 – 12　选择模型文件后开始打印

4. 打印结束，进行后处理

1）模型取件

在打印完成后，SLA 3D 打印机自动归零，关闭电源，拔出 U 盘。此时模型黏在打印平台上，手动拧松梅花胶头手拧螺丝，将打印平台从机器上取下，放入装有水溶液或酒精溶液的清洗盆，浸泡一段时间后，使用铲刀等工具将模型和打印平台剥离。取件时要从底部开始铲起，慢慢将模型全部铲完，注意不要铲到模型，以免破坏模型。另外取件时不要尝试一次性用力把模型铲下来，铲完后要注意有没有废屑残留在打印平台上，若有则要及时清理干净。

2）打印平台和模型清洗

将打印平台清洗干净，干燥后重新放回原来的位置，拧紧梅花胶头手拧螺丝，要注意打印平台的前后位置，将模型再次放入清洗盆清洗，直到没有残留的液体树脂附着在模型表面，用干净的毛巾吸干模型表面水分后，若有条件可将其表面烘干。

3）余料处理

打印结束后，如果短时间内还需要继续打印，则料盆中的余料可以继续放置在里面，盖上料槽防尘盖，等待下次打印时继续使用。如果一段时间内不需要打印，就需要将料盆里剩余的树脂倒回。将料盘缓缓取出，把剩余树脂倒入容器，将料盘清洗干净，待下次使用时重新倒入树脂，最后把料盘安装到机器中即可。

4）打磨

模型打印完会在表面生产粗细不一的台阶痕或者拆支撑留下的支掌点，这些特征都会影响到模型的表面质量。为了将模型投入正常使用，需要对其进行处理，而处理方法就是除掉这些不要的特征，所用的方法就是打磨。打磨方法如下。

（1）准备好打磨工具和清水。

（2）先用粗砂纸蘸水打磨掉粗痕纹，某些部位可以借助锉刀打磨。

（3）粗痕纹打磨完后换细砂纸进行精磨。

评价反馈

各组代表展示作品，介绍任务完成过程。展示作品前应准备阐述材料，并完成表 9-6 ~ 表 9-9。

表 9-6　学生自评表

班级		组名		日期	年 月 日
评价指标		评价内容		分数	分数评定
信息检索		能够有效地利用网络、图书资源查找有用的相关信息等；能够将查到的信息有效地传递到学习中		10	
感知课堂生活		能够熟悉逆向工程岗位，认同工作价值；在学习中能够获得满足感		10	
参与态度		积极主动地与教师、同学交流，相互尊重、理解、平等；与教师、同学能够保持多向、丰富、适宜的信息交流		10	
		能够处理好合作学习和独立思考的关系，做到有效学习；能够提出有意义的问题或发表个人见解		10	

续表

评价指标	评价内容	分数	分数评定
知识获得	1. 能够正确使用切片软件对模型进行切片和打印参数设置	20	
	2. 能够正确使用光固化成型打印机打印模型，无翘边、分层等质量问题	20	
思维态度	能够发现问题、提出问题、分析问题、解决问题、创新问题	10	
自评反馈	按时按质完成工作任务；较好地掌握知识点；具有较强的信息分析能力和理解能力；具有较为全面严谨的思维能力并能够将所学知识条理清晰地表达成文	10	
自评分数			
有益的经验和做法			
总结反馈建议			

表 9-7　组内评价表

班级		组名		日期	年 月 日
评价指标	评价内容			分数	分数评定
信息检索	能够有效地利用网络、图书资源、工作手册查找有用的相关信息等；能够用自己的语言有条理地解释、表述所学知识；能够将查到的信息有效地传递到工作中			10	
感知工作	能够熟悉工作岗位，认同工作价值；在工作中能够获得满足感			10	
参与态度	积极主动地参与工作，吃苦耐劳，崇尚劳动光荣、技能宝贵；与教师、同学相互尊重、理解、平等；与教师、同学能够保持多向、丰富、适宜的信息交流			10	
	探究式学习、自主学习不流于形式，能够处理好合作学习和独立思考的关系，做到有效学习；能够提出有意义的问题或发表个人见解；能够按要求正确操作；能够倾听他人的意见，与他人协作共享			10	
学习方法	学习方法得体，有工作计划；操作符合规范要求；能够获得进一步学习的能力			10	
工作过程	遵守管理规程，操作过程符合现场管理要求；平时上课的出勤情况和每天完成工作任务情况良好；善于多角度分析问题，能够主动发现、提出有价值的问题			15	

评价指标	评价内容	分数	分数评定
思维态度	能够发现问题、提出问题、分析问题、解决问题、创新问题	10	
自评反馈	按时按质完成工作任务；较好地掌握专业知识点；具有较强的信息分析能力和理解能力；具有较为全面严谨的思维能力并能够将所学知识条理清晰地表达成文	25	
小组自评分数			
有益的经验和做法			
总结反馈建议			

表 9 - 8　组间互评表

班级		组名		日期	年　月　日
评价指标	评价内容			分数	分数评定
信息检索	该组能够有效地利用网络、图书资源、工作手册查找有用的相关信息等			5	
	该组能够用自己的语言有条理地解释表述所学知识			5	
	该组能够将查到的信息有效地传递到工作中			5	
感知工作	该组能够熟悉工作岗位，认同工作价值			5	
	该组成员在工作中能够获得满足感			5	
参与态度	该组与教师、同学相互尊重、理解、平等			5	
	该组与教师、同学能够保持多向、丰富、适宜的信息交流			5	
	该组能够处理好合作学习和独立思考的关系，做到有效学习			5	
	该组能够提出有意义的问题或发表个人见解；能够按要求正确操作；能够倾听他人的意见，与他人协作共享			5	
	该组能够积极参与，在产品加工过程中不断学习，综合运用信息技术的能力得到提高			5	
学习方法	该组的工作计划、操作过程符合现场管理要求			5	
	该组获得了进一步发展的能力			5	
工作过程	该组遵守管理规程，操作过程符合现场管理要求			5	
	该组成员能够加工出合格工件，并善于多角度分析问题，能够主动发现、提出有价值的问题			20	

评价指标	评价内容	分数	分数评定
思维态度	该组能够发现问题、提出问题、分析问题、解决问题、创新问题	5	
自评反馈	该组能够严肃认真地对待自评，并能够独立完成自测试题	10	
互评分数			
简要评述			

表9-9　教师评价表

班级		组名		姓名			
出勤情况							
序号	评价内容	评价要点	考察要点	分数	分数评定标准		得分
1	任务描述、接受任务	口诉任务内容细节	1. 表达自然、吐字清晰	2	表达不自然或吐字不清晰扣1分		
			2. 表达思路清晰、准确		表达思路不清晰、不准确扣1分		
2	任务分析、分组情况	依据任务内容分组分工	1. 分析安装步骤关键点准确	3	分析安装步骤关键点不准确扣1分		
			2. 理论知识回顾完整、分组分工明确		理论知识回顾不完整扣1分，分组分工不明确扣1分		
		制定模型光固化打印工艺计划	制定模型光固化打印工艺计划	20	模型光固化打印工艺计划不完整，错一步扣2分		
3	计划实施	3D打印前准备	工具耗材、打印及准备就绪	15	每漏一项扣1分		
		3D打印过程	1. 正确切片	30	不能正确切片扣5分		
			2. 正确进行3D打印		3D打印有质量问题，不能及时解决扣5分		
		现场恢复	在加工过程中遵循"6S""三不落地"原则	15	每漏一项扣1分，扣完为止		

续表

序号	评价内容	评价要点	考察要点	分数	分数评定标准	得分
4	总结	任务总结	1. 依据自评分数	2	—	
			2. 依据互评分数	3	—	
			3. 依据个人总结评价报告	10	依据总结内容是否到位给分	
合计				100		

 学习情境相关知识点

9.1　SLA 技术概述

SLA 技术是世界上出现最早、研究最深入、应用最广泛、方法最成熟并已实现商品化的一种快速成型技术，也被称为立体光刻、立体印刷或光造型等。通过多年的探索，该技术工艺的加工精度已可达毫米级，截面扫描方式和树脂成型性能也得到了很大的提升，但是在设备、材料、制造过程和加工环境等方面还存在很多不足之处。

SLA 技术多用于制造模型。通过在原料中加入其他成分，其原型模也可代替熔模精密铸造中的蜡模。该技术成熟速度高、精度高，但树脂在固化过程中的收缩必然产生应力或引起形变，这使该技术有一定的局限性。

目前，国内外很多公司都推出了多种 SLA 设备，如美国的 3D Systems 公司、日本的 CMET 公司、德国的 EOS 公司等。中国的研究机构和商业公司也参与到该项技术设备的竞争之中，如西安交通大学、华中科技大学、北京殷华激光快速成形与模具技术有限公司和上海联泰科技有限公司等。由于售后服务和价格的原因，国内企业在竞争上已经占据绝对优势。

9.2　SLA 技术原理

SLA 技术原理如图 9 – 13 所示，液槽中盛满液态光敏树脂，在控制系统的控制下氦 – 镉激光器或氩离子激光器发出的紫外激光束按零件的各分层截面信息在光敏树脂表面进行逐点扫描，使被扫描区域的光敏树脂薄层产生光聚合反应而固化，形成零件的一个薄层。当一层固化完毕后，未被激光照射的位置仍是液态光敏树脂，随后工作台下移一个层厚的距离，以使在原先固化好的光敏树脂表面再敷上一层新的液态光敏树脂，刮板将黏度较高的光敏树脂液面刮平，继续进行下一层的扫描加工，新固化的一层牢固地黏结在前一层上，如此重复，直至整个零件制造完毕，获得三维实体原型。最后还需要将三维实体原型上多余的光敏树脂排净并去除支撑，进行清洗，并将三维实体原型放在紫外激光下进行整体的后固化处理。

液面在光敏树脂材料高黏度的影响下，很难在短时间内在每层固化后迅速流平，这导致三维实体模型的精度受到影响，而刮板的使用则规避了这一弊端，很好地保证了三维实体模型固化后的精度，使制件表面更光滑、平整。

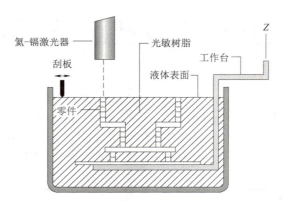

图 9 – 13　SLA 技术原理

在刮板静止时，吸附式涂层机构中的液态光敏树脂在表面张力的作用下会充满吸附槽。在刮板进行涂刮运动时，吸附槽中的光敏树脂会均匀涂敷到已固化的光敏树脂表面，同时吸附式涂层机构中的前刃和后刃在一定程度上消除了光敏树脂表面因工作台升降所产生的气泡。

9.3　SLA 3D 打印材料

SLA 3D 打印材料的性能制约着成型件的质量及成本、机械性能、精度等，因此，SLA 3D 打印材料的选择是 SLA 技术的关键问题之一。

1. SLA 3D 打印材料的优点

SLA 3D 打印材料与一般固化材料相比具有以下优点。

（1）固化快。可在几秒钟内固化，可应用于即时固化的场合。

（2）无须加热。可适用于不能耐热的塑料、光学、电子零件。

（3）可用于制备无溶剂产品。很好地规避了使用溶剂涉及的环境问题和审批手续问题。

（4）节省能量。各种光源的效率都高于烘箱。

（5）可使用单组分，无配置问题，使用周期长。

（6）可实现自动化操作及固化，提高生产效率和经济效益。

2. SLA 3D 打印的分类及特征

SLA 3D 打印材料主要包括低聚物、反应性稀释剂及光引发剂。根据光引发剂的引发机理，SLA 3D 打印材料可以分为三类，见表 9 – 10。

表 9 – 10　SLA 3D 打印材料的分类及特征

自由基光固化树脂	环氧树脂丙烯酸酯，该类材料聚合快，原型强度高但脆性大且易泛黄
	聚酯丙烯酸酯，该类材料流动性和固化性较好，性能可调范围大
	聚氨酯丙烯酸酯，用该类材料制造的原型柔顺性和耐磨性较好，但聚合速度低
阳离子光固化树脂	环氧树脂是最常用的阳离子型低聚物，固化收缩小
	自由基光固化树脂的预聚物丙烯酸酯的固化收缩率为 5% ~7%，而预聚物环氧树脂的固化收缩率仅为 2% ~3%
	产品精度高，黏度低，生坯件强度高，产品可直接用于注塑模具
	阳离子聚合物进行活性聚合，光熄灭后可继续聚合且不受氧气的阻聚作用

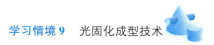

续表

混合型光固化树脂	进行阳离子开环聚合时，环状聚合物体积收缩很小，甚至会产生膨胀，而自由基体系总有明显的收缩
	系统中有碱性杂质时，阳离子的聚合诱导期较长，而自由基聚合的诱导期较短，混杂型体系可以提供诱导期短而聚合速度稳定的聚合系统
	混杂体系能克服光照消失后自由基迅速失活而使聚合终结的缺点

模块四

综合应用实例

雷达猫眼零件的创新设计

 学习情境描述

雷达猫眼零件的创新设计为"2017 年全国职业院校技能大赛"高职组工业产品数字化设计与制造赛项。

 学习目标

【知识目标】

掌握雷达猫眼零件逆向建模的基本步骤；能说出面片拟合、布尔运算等功能的使用步骤。

【能力目标】

能完成雷达猫眼零件的基本建模操作；能对产品进行创新设计，能对设计结果进行 3D 打印。

【素质目标】

培养学生的动手能力、设计能力、社会实践能力、思维能力、独立解决问题的能力；培养学生的团队合作精神。

 任务书（节选自国赛赛题）

某型雷达产品，其信息抓取的功能是由猫眼零件左右摆动，扩大视野来完成的。从外观看，猫眼零件在外形设计上做了功能伪装，曲面流线复杂，中间球形凸出物为模拟猫眼，获取电磁信号。

产品研发人员为实现其外形伪装功能，故意选取 5 组常人熟悉的外形设计方案，另外再选取 5 组常人不熟悉的外形设计方案，共计 10 组外形设计方案。先将 10 组外形设计方案分别采用三维扫描、逆向建模技术和正向设计优化，复制并制造出 10 种原型。然后，产品研发人员将复制出的 10 种原型与猫眼零件进行结构装配，并在力学、美观和功能上多次验证，尤其是在原型基础上进行创新设计并制造出样件。装机验证后，其性能完全赶超最初的 10 组外形设计方案原型。

本学习情境就是模拟某型雷达猫眼零件的原型设计与创新过程。

某型雷达猫眼零件说明如下。

图 10-1 所示为某型雷达猫眼零件照片。产品研发人员设计的猫眼零件有 10 种外形结构。

图 10 – 1　某型雷达猫眼零件照片

图 10 – 2 所示为某型雷达猫眼零件工作状态简易原理。简易原理图将猫眼零件 1 正面的伪装外形去掉了，目的是清晰地展示某型雷达猫眼零件的工作原理以及滑槽的内部情况。

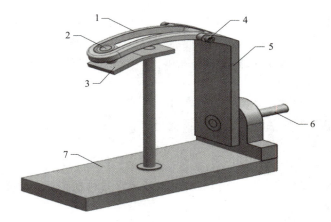

图 10 – 2　某型雷达猫眼零件工作状态简易原理

在图 10 – 2 中，猫眼零件 1 安装在一端固定的摆臂件 5 上，猫眼零件 1 的背面是个滑槽。垂直于底板 7 的立轴组合件 3 做圆周运动，带动安装在立轴上的滑块 2 在猫眼零件 1 的背面滑槽内做往复滑动。这样，立轴的圆周运动就转换成猫眼零件 1 围绕摆臂件 5 的固定轴 6 的扇扫摆动。

任务一为实物三维数据采集，评分标准如下。

将提交的扫描数据与标准三维模型各面数据进行比对，组成面的点基本齐全（以点足以建立曲面为标准），并且平均误差小于 0.06 得分。平均误差大于 0.10 不得分。

任务二为三维建模。

任务三为产品创新设计。

根据任务二的数字模型，产品创新设计给定优化条件表述如下。

猫眼零件 1 与摆臂件 5 安装方法如图 10 – 2 所示；螺钉 4 顶紧猫眼零件 1，保持紧定。这种安装方法结构简单，调整方便，但长期运行后，螺钉就会松动，导致紧定失败。此时，猫眼零件 1 与摆臂件 5 产生相对松动（俗称"晃荡"），致使滑块 2 从猫眼零件 1 的背面滑槽中脱出，造成功能失灵。

任务分组

学生任务分配见表 10-1。

表 10-1　学生任务分配

班级		组号		指导老师	
组长		学号			
组员	班级	姓名		学号	电话
任务分工					

工作准备

（1）阅读工作任务书，完成分组和组员间分工。

（2）完成猫眼零件的逆向建模。

（3）完成猫眼零件的创新设计并打印出模型。

（4）进行后处理，展示作品，分组评分。

工作计划

按照任务书进行资讯收集，制定逆向建模处理步骤、后处理步骤，完成表 10-2。

表 10-2　猫眼零件创新设计工作方案

步骤	工作内容	负责人
1		
2		
3		
4		
5		

进行决策

（1）各组派代表阐述设计方案。

（2）各组对其他组的设计方案提出不同的看法。

（3）教师结合各组完成任务的情况进行点评，选出最佳设计方案。

工作实施

1. 按照本组制定的计划（最佳方案）实施——实物三维数据采集

（1）检查扫描设备和材料。

（2）按要求对扫描件喷显像剂。

（3）按规定对扫描件贴标记点。

2. 扫描仪的标定

按标定步骤对扫描仪进行标定，具体标定步骤参照学习情境2，扫描仪的标定是整个扫描系统精度的基础，因此扫描系统在安装完成后，在第一次扫描前必须进行标定。

3. 模型数据扫描

（1）调整扫描距离。将扫描件放置在视场中央，选择"投射图像"→"投射十字"选项，通过云台调整硬件系统的高度及俯仰角，使十字与相机实时显示区的十字叉尽量重合，并且保证十字尽量在扫描件上。

（2）通过软件对相机亮度进行精调整。选择"扫描管理"→"调整相机参数"选项，弹出调整相机参数对话框。首先单击默认值，然后根据环境光等具体情况进行调节。

（3）扫描。单击"扫描"按钮，系统将自动进行单帧扫描。扫描完毕后会在"三维点云显示区"显示三维点云数据。

（4）检查工程信息。每次单帧扫描完成后，都应该检查"工程信息树状显示区"的工程信息。

（5）保存点云数据。选择"文件"→"保存"命令或"另存为"命令对点云数据进行保存处理。这两者的区别仅在于"保存"命令使用建立项目时的路径，点云文件存储在该路径下的与建立项目同名的文件夹中，"另存为"命令可以由用户设定路径与文件名称，格式为".asc"和".txt"。

注：扫描步骤的多少根据扫描经验及扫描时扫描件摆放角度而定，如果经验丰富或扫描件摆放角度合适，则能够减少扫描步骤，即减小扫描数据的大小。在扫描完整的原则上尽量减少不必要的扫描步骤，减少累计误差的产生。

4. 点云数据处理

（1）采用"清除杂点""采样""平滑""填孔"等命令对点云数据进行处理，消除扫描过程中产生的杂点、噪声点。

（2）将点云文件三角面片化（封装），保存为STL格式。

5. 多边形阶段

（1）将封装后的三角面片数据处理光顺、完整。

（2）保持数据的原始特征。

6. 模型重构

（1）选择"插入"→"导入"选项，导入"猫眼零件.stl"面片文件。

（2）选择"面片草图"命令，选择平面投影，选择"前"为基准平面，"轮廓投影范围"选择从箭头拉伸到一定值，也可以输入一定值，比如输入"75 mm"，保证截取整体轮廓，单击"确定"按钮，根据截取的粉色轮廓线绘制草图，对草图要进行尺寸约束和几何约束，如图 10-3、图 10-4 所示。

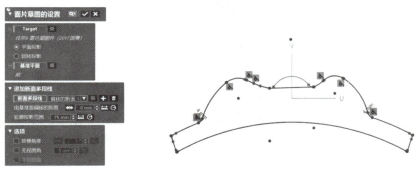

图 10-3　面片草图　　　　　　　　　图 10-4　草图绘制

（3）选择"拉伸"命令，"轮廓"选择"草图环路 1"，"方法"选择"平面中心对称"，在"长度"框中输入"40 mm"单击"确定"按钮，拉伸出猫眼零件主体结构，如图 10-5、图 10-6 所示。

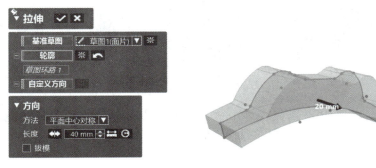

图 10-5　"拉伸"对话框　　　　　　　图 10-6　拉伸样式

（4）选择"圆角"命令，选择"固定圆角"选项，选中"边线 1""边线 2""边线 3""边线 4"，输入半径"20 mm"，单击"确定"按钮，完成两端圆角，效果如图 10-7 所示。

图 10-7　"圆角"命令

（5）选择"涂刷工具"命令，手动涂刷猫眼零件两侧面，选择"插入领域"命令，新建两个领域后，选择"面片拟合"命令，选择要拟合的两个领域，"分辨率"选择"许可偏差"，值为"0.1 mm"，单击"确定"按钮后，拟合出两个面片，效果如图 10-8 所示。

图 10 – 8　拟合面片

（6）选择"切割"命令，"工具要素"选择"面片拟合 1""面片拟合 2"，"对象体"选择"圆角 1"，单击"下一步"按钮，选择要保留的部分，如图 10 – 9 所示，切割效果如图 10 – 10 所示。

图 10 – 9　"切割"命令

图 10 – 10　切割效果

（7）用面片拟合的方法，拟合处图 10 – 11 所示的两个面片并进行修剪，修剪好后，继续使用"切割"命令将多余的部分切割掉，如图 10 – 12 所示。

图 10 – 11　面片拟合　　　　　　　　　图 10 – 12　切割

（8）用与第（7）步相同的方法，面片拟合后切割掉背面多余部分，效果如图 10 – 13 所示。

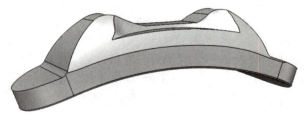

图 10 – 13　背面切割

（9）单击领域工具栏，选择"涂刷工具"命令，涂刷出上部圆球领域，如图 10 – 14 所示。选择模型菜单中的"基础实体"命令，手动提取圆球领域，"提取形状"为"球"，单击"确定"按钮，建立圆球实体（图 10 – 15）。选择"布尔运算"命令，将其与主体进行合并。

图 10 – 14　涂刷上部圆球领域　　　　图 10 – 15　提取球

（10）选择"曲面偏移"命令，选择底部曲面，向内偏移"8 mm"，其余选择默认，得到曲面片，并分别向下、向上延长曲面，如图 10 – 16 所示。

图 10 – 16　面片草图

（11）选择"涂刷工具"命令，涂刷出底部面片 [图 10 – 17（a）]，然后延长曲面，并进行修剪曲面，得到图 10 – 17（b）所示曲面片，接下来用该曲面片进行修剪，得到图 10 – 17（c）所示实体结构。

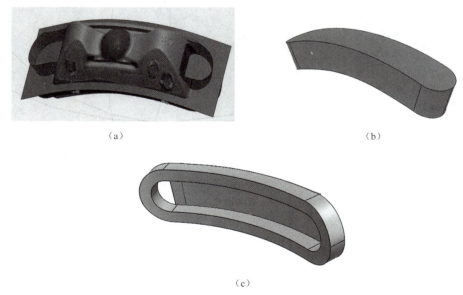

（a）　　　　　　　　　　　　　　　　（b）

（c）

图 10 – 17　底部切割

（12）选择"涂刷工具"命令，对侧面切割部分进行涂刷及领域划分后，进行面片拟合，拟合的曲面和原来的侧面曲面片，进行曲面剪切，得到图 10 - 18 所示效果后，切割出侧边槽口。

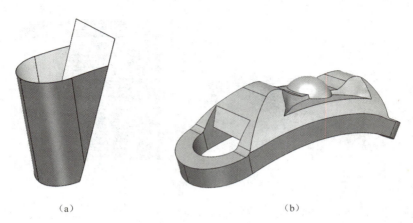

（a）　　　　　　　　　　　　　　　　　（b）

图 10 - 18　侧边槽口切割

（13）选择"圆角"命令，对需要圆角的各个边线进行圆角处理，效果如图 10 - 19 所示。

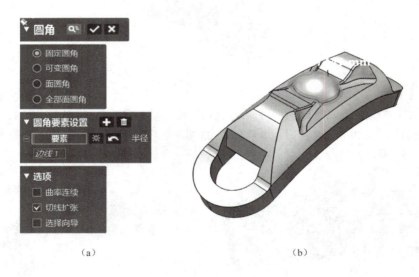

（a）　　　　　　　　　　　　　　　　（b）

（c）

图 10 - 19　完成实体

（14）选择"输出"命令，选择要输出的实体，选择保存的格式为 STP，单击"保存"按钮保存三维实体（图 10-20）。

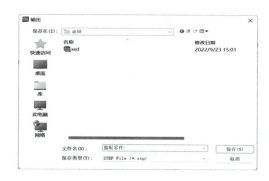

图 10-20　保存三维实体

7. 创新设计

将重构后的实体导入正向设计软件，进行创新设计，以满足任务书的要求。

➤ 引导问题：猫眼零件的连接方式有哪些？本设计可以选用哪种方式？

_____

_____

_____

_____

_____

_____

8. 对正向设计的零件进行 3D 打印

1）分层处理

当前市面上的分层切片软件很多，市场占有率高的为 Skeinforge 与 Cura，因为它们是免费的开源软件，且支持多品牌、多型号的 3D 打印机，所以被广泛使用。3D 打印机生产厂家也会开发分层切片软件，本书所用的是生产厂家提供的 Cura 软件，该软件简单易上手，易操作，操作步骤如下。

（1）在 Cura 软件中打开"MYJ. stl"。

（2）设置相关参数。

（3）进行分层切片处理，得到 GCODE 代码。

（4）将文件保存为"MYJ. gcode"。

需要注意喷头应与 3D 打印机耗材装入的喷头一致，否则打印时会一直提示"耗材未就绪"，导致打印失败。

2）进行零件的 3D 打印

操作步骤如下。

（1）贴美纹纸于工作台上，以便材料更好地附着在工作台上。

（2）预热工作台至 45 ℃，预热喷头至 210 ℃（喷头型号与 Cura 软件的喷头设置一致）。

（3）装入 PLA 耗材，见喷头出丝即可。

（4）进行打印操作。

9. 后处理、打磨

对零件进行后处理并打磨。

评价反馈

各组代表展示作品，介绍任务完成过程。展示作品前应准备阐述材料，并完成表 10－3 ~ 表 10－6。

表 10－3　学生自评表

班级		组名		日期	年 月 日
评价指标	评价内容			分数	分数评定
信息检索	能够有效地利用网络、图书资源查找有用的相关信息等；能够将查到的信息有效地传递到学习中			10	
感知课堂生活	能够熟悉逆向工程岗位，认同工作价值；在学习中能够获得满足感			10	
参与态度	积极主动地与教师、同学交流，相互尊重、理解、平等；与教师、同学能够保持多向、丰富、适宜的信息交流			10	
	能够处理好合作学习和独立思考的关系，做到有效学习；能够提出有意义的问题或发表个人见解			10	
知识获得	1. 能够正确进行面片拟合、修剪、抽壳			20	
	2. 能够按要求完成逆向建模			20	
思维态度	能够发现问题、提出问题、分析问题、解决问题、创新问题			10	
自评反馈	按时按质完成工作任务；较好地掌握知识点；具有较强的信息分析能力和理解能力；具有较为全面严谨的思维能力并能够将所学知识条理清晰地表达成文			10	
自评分数					
有益的经验和做法					
总结反馈建议					

表 10－4　组内评价表

班级			日期	年 月 日
评价指标	评价内容		分数	分数评定
信息检索	能够有效地利用网络、图书资源、工作手册查找有用的相关信息等；能够用自己的语言有条理地解释、表述所学知识；能够将查到的信息有效地传递到工作中		10	
感知工作	能够熟悉工作岗位，认同工作价值；在工作中能够获得满足感		10	
参与态度	积极主动地参与工作，吃苦耐劳，崇尚劳动光荣、技能宝贵；与教师、同学相互尊重、理解、平等；与教师、同学能够保持多向、丰富、适宜的信息交流		10	
	探究式学习、自主学习不流于形式，能够处理好合作学习和独立思考的关系，做到有效学习；能够提出有意义的问题或发表个人见解；能够按要求正确操作；能够倾听他人的意见，与他人协作共享		10	
学习方法	学习方法得体，有工作计划；操作符合规范要求；能够获得进一步学习的能力		10	
工作过程	遵守管理规程，操作过程符合现场管理要求；平时上课的出勤情况和每天完成工作任务情况良好；善于多角度分析问题，能够主动发现、提出有价值的问题		15	
思维态度	能够发现问题、提出问题、分析问题、解决问题、创新问题		10	
自评反馈	按时按质完成工作任务；较好地掌握专业知识点；具有较强的信息分析能力和理解能力；具有较为全面严谨的思维能力并能够将所学知识条理清晰地表达成文		25	
小组自评分数				
有益的经验和做法				
总结反馈建议				

表 10 – 5　组间互评表

班级		组名		日期	年 月 日
评价指标	评价内容			分数	分数评定
信息检索	该组能够有效地利用网络、图书资源、工作手册查找有用的相关信息等			5	
	该组能够用自己的语言有条理地解释、表述所学知识			5	
	该组能够将查到的信息有效地传递到工作中			5	
感知工作	该组能够熟悉工作岗位，认同工作价值			5	
	该组成员在工作中能够获得满足感			5	
参与态度	该组与教师、同学相互尊重、理解、平等			5	
	该组与教师、同学能够保持多向、丰富、适宜的信息交流			5	
	该组能够处理好合作学习和独立思考的关系，做到有效学习			5	
	该组能够提出有意义的问题或发表个人见解；能够按要求正确操作；能够倾听他人的意见，与他人协作共享			5	
	该组能够积极参与，在产品加工过程中不断学习，综合运用信息技术的能力得到提高			5	
学习方法	该组的工作计划、操作过程符合现场管理要求			5	
	该组获得了进一步发展的能力			5	
工作过程	该组遵守管理规程，操作过程符合现场管理要求			5	
	该组成员平时上课的出勤情况和每天完成工作任务情况良好			5	
	该组成员能够加工出合格工件，并善于多角度分析问题，能够主动发现、提出有价值的问题			15	
思维态度	该组能够发现问题、提出问题、分析问题、解决问题、创新问题			5	
自评反馈	该组能够严肃认真地对待自评，并能够独立完成自测试题			10	
互评分数					
简要评述					

表 10 – 6 教师评价表

班级			组名			姓名	
出勤情况							
序号	评价内容	评价要点	考察要点	分数	分数评定标准		得分
1	任务描述、接受任务	口诉任务内容细节	1. 表达自然、吐字清晰	2	表达不自然或吐字不清晰扣1分		
			2. 表达思路清晰、准确		表达思路不清晰、不准确扣1分		
2	任务分析、分组情况	依据任务内容分组分工	1. 分析建模步骤关键点准确	3	分析建模步骤关键点不准确扣1分		
			2. 理论知识回顾完整、分组分工明确		理论知识回顾不完整扣1分，分组分工不明确扣1分		
		制定逆向建模工艺计划	制定逆向建模工艺计划	20	逆向建模工艺计划不完整，错一步扣2分		
3	计划实施	建模过程	正确完成逆向建模步骤	15	每漏一项扣1分		
		3D打印过程	正确准备工具	30	不能够正确准备工具和进行切片处理扣5分		
			正确进行切片处理				
			正确完成3D打印操作		不能正确完成3D打印操作的，一个步骤扣5分		
		现场恢复	在操作过程中遵循"6S""三不落地"原则	15	每漏一项扣1分，扣完为止		
4	总结	任务总结	1. 依据自评分数	2	—		
			2. 依据互评分数	3	—		
			3. 依据个人总结评价报告	10	依据总结内容是否到位给分		
合计				100			

点云数据——教材配套